U0319857

冶金工业出版社

普通高等教育"十四五"规划教材

西门子 S7-1200/1500 PLC
应用技术项目式教程

主　　编　张景扩　李　响　刘和剑
副主编　卢亚平　袁海嵘　王超峰　刘建华　王勇刚
参　　编　笪　晨　高远民　杨　洁

扫一扫查看全书数字资源

扫一扫查看视频　　　扫一扫查看电子课件　　　扫一扫查看源代码

北　京

冶金工业出版社

2024

内 容 提 要

本书以项目形式通过介绍 PLC 技术相关理论知识和应用实例让读者（尤其是初学者）了解和掌握 PLC 技术。全书共分 7 个项目，项目 1 介绍了电气控制基础的相关理论知识，项目 2 介绍了 PLC 发展历程与趋势，项目 3 介绍了 S7-1200/1500 PLC 开发软件的基本知识，项目 4 介绍了 PLC 基本指令，项目 5 介绍了虚拟仿真编程，项目 6 介绍了大量应用案例，项目 7 介绍了 PLC 技术在实务中的应用，展现了 PLC 的重大实用价值。

本书可作为应用型高等院校机电一体化技术、电气自动化技术、数控技术和机械设计制造等专业的教材，也可供有关工程技术人员学习参考。

图书在版编目（CIP）数据

西门子 S7-1200/1500 PLC 应用技术项目式教程/张景扩，李响，刘和剑主编. —北京：冶金工业出版社，2023.6（2024.8 重印）
普通高等教育"十四五"规划教材
ISBN 978-7-5024-9487-2

Ⅰ.①西… Ⅱ.①张… ②李… ③刘… Ⅲ.①PLC 技术—高等学校—教材 Ⅳ.①TM571.61

中国国家版本馆 CIP 数据核字（2023）第 073877 号

西门子 S7-1200/1500 PLC 应用技术项目式教程

出版发行	冶金工业出版社	电　　话	(010)64027926
地　　址	北京市东城区嵩祝院北巷 39 号	邮　　编	100009
网　　址	www.mip1953.com	电子信箱	service@ mip1953.com

责任编辑　王　颖　美术编辑　吕欣童　版式设计　郑小利
责任校对　范天娇　责任印制　禹　蕊
三河市双峰印刷装订有限公司印刷
2023 年 6 月第 1 版，2024 年 8 月第 3 次印刷
787mm×1092mm　1/16；13.25 印张；320 千字；201 页
定价 49.90 元

投稿电话　（010）64027932　投稿信箱　tougao@cnmip.com.cn
营销中心电话　（010）64044283
冶金工业出版社天猫旗舰店　yjgycbs.tmall.com
（本书如有印装质量问题，本社营销中心负责退换）

序

从 1969 年美国数字公司研制出第一代可编程序控制器（Programmable Logic Controller，PLC），到现在为止，PLC 已经有了第 5 代产品，随之而来的是可编程技术的日益成熟。PLC 已逐步发展成以微处理器为核心，集计算机技术、自动化控制技术及通信技术于一体的工业控制装置，与网络技术及组态软件技术的配合，PLC 的应用如虎添翼。

PLC 在工业领域的应用非常广泛，既有单机作为继电器逻辑电路的替代品，又有作为控制设备的核心部件。随着自动化程度的提高，它既可以作为现场控制的部件，又可以作为现场更高级管理的控制部件。随着网络技术的发展，作为成熟技术，PLC 已被广泛应用到机械、冶金、石化、水泥、制药等多个领域，有效地提高了劳动生产率和自动化程度。PLC 已与分布式控制系统（Distributed Control System，DCS）、进程间通信（Inter-Process Communication，IPC）形成三足鼎立之势，占据着市场的最大份额。

西门子是中国多个业务领域的领先工业解决方案供应商，在生产自动化、过程自动化、驱动、低压控制以及安装技术方面提供了各类创新、可靠、高效和优质的产品，并全面提供系统的解决方案和服务。西门子的产品涵盖范围广，在信息与通信、自动化与控制、电力、交通、医疗、照明等各个行业领域处于领先优势。

西门子 PLC 技术能够不断融入新技术、新方法，推陈出新，并进一步在制造和控制技术方面进行新的突破，新的产品不断涌现，为各种各样的自动化控制设备提供了非常可靠的控制应用。

希望本书能为更多的工程技术人员和广大的学生提供帮助和支持，使读者能够尽快掌握 PLC 的基础及应用技术，并尽快应用于工程设计中，缩短学习和工程应用之间的距离。

袁海嵘

2023 年 1 月

前　言

可编程序控制器（Programmable Logic Controller，PLC）集数据采集与监控功能、通信功能、高速度数字量信号智能控制功能、模拟量闭环控制功能等高端技术于一身，成为控制系统的绝对核心，也是衡量生产设备自动化控制水平的标志。从事自动化专业的工程技术人员应掌握这门应用广泛的专业技术，而学习这门技术的最好方法就是在理解理论的基础上通过大量的应用实例进行消化、掌握，因此，编者希望通过本书向初学者展示编程的思路，读者能从理论和实例两方面进行 PLC 技术的学习。

本书以西门子 S7-1200/1500 PLC 为样机。尽管西门子 S7-1200/1500 PLC 属于小型机，但却拥有一些可与中型机、大型机相媲美的控制功能，如可以与其他智能设备实现串行通信、与 PLC 之间实现通信、可以作为现场总线的一个单元参与整体控制、与可视化设备或软件组态共同完成控制任务。

编者长期工作在电气专业教学一线，从自身的教学实际经验出发，编写本书时更加侧重于突出 PLC 技术的实用性，侧重于对 PLC 技术本身的解析，让读者更好地理解并掌握技术，而非简单地引用书中的数据。

全书从基本理论知识入手，穿插大量应用实例，循序渐进，使读者能够更好、更快地通过将理论与实践相结合，加深对 PLC 技术的理解和掌握。本书设置了 7 个项目。项目 1 和项目 2 介绍了电气控制基础、PLC 发展历程与趋势，项目 3~项目 6 分别介绍了 S7-1200/1500 PLC 开发软件的基本知识、基本指令、虚拟仿真编程和应用案例，项目 7 则重点介绍了 PLC 技术在实务中的应用。

本书理论知识丰富、实例充足，且涉及较广技术应用领域，既有适合初学者参考使用的简单控制实例，又有来自实际工程的较为复杂的应用实例。同时，每个项目下还设置了"思政小课堂"和"习题"。"思政小课堂"部分向读者介绍了工程技术领域内具有工匠精神、敬业爱岗的技术人员的先进事迹，旨在培养读者的爱国情怀、实干精神、创新意识。"习题"部分则针对本项目重点概念、问题设立，旨在帮助读者自评、回顾项目内容的学习和掌握情况。

本书由张景扩、李响、刘和剑任主编，由张景扩负责统稿，李响、刘和剑提供了项目4、项目5的理论知识与丰富的PLC应用项目。副主编卢亚平、王勇刚提供了项目1~项目3的理论支撑，袁海嵘、王超峰、刘建华提供了项目6和项目7的理论指导和项目参考。参编人员笪晨、高远民、杨洁负责书中的思政小课堂、习题。西门子（中国）有限公司提供了珍贵的案例与指导，书中部分内容的编写参照了有关文献，在此衷心感谢所有对本书编写与出版给予帮助和支持的老师、西门子（中国）有限公司的同仁、参考文献的作者。

由于编者水平所限，书中不妥之处，恳请广大读者批评指正。

编　者

2023 年 1 月

目　　录

项目1 电气控制基础

任务 1.1 常用电气控制元件介绍

1.1.1 转换开关

转换开关又称组合开关，它体积小、灭弧性能比刀开关好，接线方式多，操作方便，常用于交流 380V、直流 220V 以下的电气线路中，供手动不频繁地接通或分断电路，也可控制 5kW 以下小容量异步电动机的启动、停止和正反转。

图 1-1 为转换开关外形、符号、结构图，图 1-2 为转换开关结构图。这种转换开关有三对静触点，每一静触点的一端固定在绝缘垫板上，另一端伸出盒外，并附有接线柱，以便和电源线及用电设备的导线相连接。三对动触点由两个磷铜片或紫铜片和灭弧性能良好的绝缘钢纸板铆接而成，和绝缘垫板一起套在附有手柄的绝缘杆上，手柄能沿任何一个方向每次旋转 90°，带动三个动触点分别与三对静触点接通或断开，顶盖部分由凸轮、弹簧及手柄等构成操作机构，此操作机构由于采用了弹簧储能使开关快速闭合及分断，所以能保证开关在切断负荷电流时所产生的电弧能迅速熄灭，其分断与闭合的速度和手柄旋转速度无关。

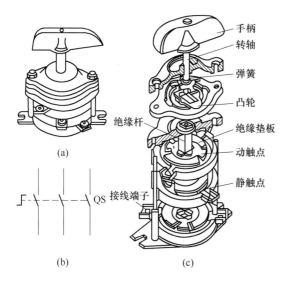

图 1-1 转换开关外形、符号、结构图
（a）外形；（b）符号；（c）结构

图 1-2 转换开关结构图

转换开关应根据电源种类、电压等级、所需触点数、接线方式和负载容量进行选择。

转换开关用于直接控制异步电动机的启动和正、反转时，开关的额定电流一般取电动机额定电流的 1.5~2.5 倍。

1.1.2 自复位按钮

自复位按钮又称按钮开关，属于手动控制电器。它只能短时接通或分断 5A 以下的小电流电路，向其他电器发出指令性的电信号，控制其他电气元件动作。由于按钮载流量小，不可直接用它控制主电路的分断。

按钮开关一般由按钮帽、复位弹簧、桥式动触点、静触点和外壳等组成，其外形、结构及符号如图 1-3 所示。按钮开关按照用途和触点的结构不同分为停止按钮（常闭按钮）、启动按钮（常开按钮）及复合按钮（组合按钮）。

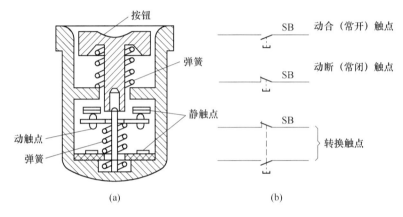

图 1-3   自复位按钮结构

（a）结构；（b）图形符号

自复位按钮的选用应根据使用场合、被控制电路所需触点数及按钮帽的颜色等方面综合考虑。使用前，应检查按钮帽弹性是否正常，动作是否顺畅，触点接触是否可靠。按钮安装在面板上时，应布置合理，排列整齐，安装应牢固。启动按钮用绿色，停止按钮用红色，如图 1-4 所示。

图 1-4   自复位按钮实物图

1.1.3　行程开关

行程开关又称限位开关，是一种利用生产机械某些运动部件的碰撞来发出控制指令的主令电器，用于控制生产机械的运动方向、行程大小或位置保护。

各系列行程开关的基本结构大体相同，都是由触点系统、操作机构及外壳组成。行程开关的工作原理和按钮相同，区别只是它不靠手指的按压，而利用生产机械运动部件的挡铁碰压而使触点动作。其结构和动作原理图如图 1-5 所示，当生产机械撞块碰触行程开关滚轮时，使传动杠杆和转轴一起转动，转轴上的凸轮推动推杆使微动开关动作，接通常开触点，分断常闭触点，指令生产机械停车、反转或变速。

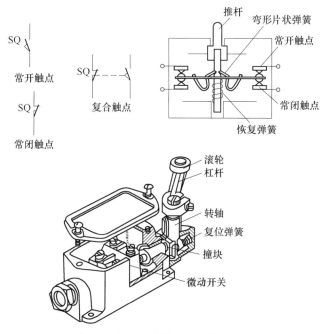

图 1-5　行程开关符号及动作原理图

为了适应生产机械对行程开关的碰撞，行程开关与生产机械的碰撞部分有不同的结构形式，常用的碰撞部分有按钮式（直动式）和滚轮式（旋转式）。其中滚轮式又分有单滚轮式和双滚轮式两种。常用行程开关如图 1-6 所示，行程开关实物图如图 1-7 所示。

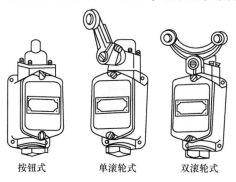

按钮式　　　单滚轮式　　　双滚轮式

图 1-6　常用行程开关

图 1-7　行程开关实物图

1.1.4　熔断器

熔断器是电路中最常用的短路保护器，图 1-8 为熔断器结构图，图 1-9 为熔断器实物图。熔断器连接在被保护电路中，在电流小于或等于熔体额定电流时，熔体不会出现熔断。当电路发生短路等故障时，熔体迅速熔断，断开电路，从而保护电路及电气设备。选择熔体时，其额定电流必须等于或稍大于电路的最大持续负载电流。

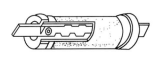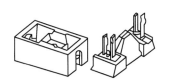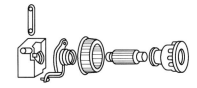

图 1-8　熔断器结构图

图 1-9　熔断器实物图

常用的熔断器有管式熔断器、插入式熔断器、螺旋式熔断器。

1.1.5　交流接触器

常用的交流接触器有 CJ0、CJ10 和 CJ20 等系列产品，本节以 CJ10 为例介绍交流接触器。交流接触器主要由电磁系统、触点系统、灭弧装置、辅助部件四大部分组成。图 1-10 为 CJ10-20 型交流接触器的结构图，图 1-11 为交流接触器实物图。

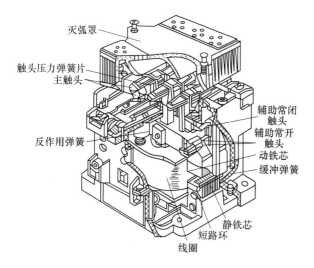
图 1-10　CJ10-20 型交流接触器的结构图

图 1-11　交流接触器实物图

1.1.5.1　电磁系统

电磁系统由电磁线圈、静铁芯、动铁芯（衔铁）等组成。其中动铁芯与动触点支架相连。电磁线圈通电时产生磁场，使动、静铁芯磁化而相互吸引，当动铁芯被吸引向静铁芯时，与动铁芯相连的动触点也被拉向静触点，令其闭合接通电路。电磁线圈断电后，磁场消失，动铁芯在复位弹簧作用下，回到原位，牵动动触点与静触点分离，分断电路。为了减少工作过程中交变磁场在铁芯中产生的涡流及磁滞损耗，避免铁芯过热，交流接触器的铁芯和衔铁一般用 E 形硅钢片叠压铆成。

交流接触器的铁芯上有一个短路铜环，称为短路环，如图 1-10 所示。短路环的作用是减少交流接触器吸合时产生的振动和噪声。当线圈中通过交流电流时，铁芯中产生的磁通随着通过电流的大小交替变化，铁芯对衔铁的吸力随之相应变化。当磁通经过最大值时，铁芯对衔铁的吸力最大；当磁通经过零值时，铁芯对衔铁的吸力也是为零，衔铁受复位弹簧的反作用力有释放的趋势，这时衔铁不能被铁芯吸牢，造成铁芯振动，发出噪声，使人感到疲劳，并使衔铁与铁芯磨损，造成触头接触不良，产生电弧灼伤触头。为了消除这种现象，在铁芯上装有短路铜环。

当线圈通电后，产生线圈电流的同时，在短路环中产生感应电流，两者由于相位不同，各自产生的磁通的相位也不同，在线圈电流产生的磁通为零时，感应电流产生的磁通不为零而产生吸力，吸住衔铁，使衔铁始终被铁芯吸牢，这样会使振动和噪声显著减小。

气隙越小，短路环的作用越大，振动和噪声也越小。

1.1.5.2　触点系统

触点系统按功能不同分为主触点和辅助触点两类。主触点用于通断电流较大的主电路；辅助触点用于通断电流较小的控制电路，还能起自锁和联锁等作用，一般由两对常开和两对常闭触点组成。所谓触点的常开和常闭，是指电磁系统在未通电动作时触点的状态。常开触点和常闭触点是联动的。

按结构形式划分，交流接触器的触头有桥式触点和指形触点两种。无论是桥式触点或指形触点，在触点上都装有压力弹簧以减小接触电阻并消除开始接触时产生的有害震动。

1.1.5.3　灭弧装置

交流接触器在分断较大电流电路时，在动、静触点之间将产生较强的电弧，它不仅会烧伤触点、延长电路分断时间，严重时还会造成相间短路。因此在容量稍大的电气装置中，均加装了一定的灭弧装置用以熄灭电弧。

1.1.5.4　辅助部件

交流接触器除了上述三个主要部分外，还有反作用弹簧、缓冲弹簧、触头压力弹簧、传动装置及底座、接线柱等。

电力拖动系统中，交流接触器可按下列方法选用：

（1）接触器主触点的额定电压应大于或等于被控制电路的最高电压。

（2）接触器主触点的额定电流应大于被控制电路的最大工作电流。用交流接触器控制电动机时，主触点的额定电流应大于电动机的额定电流。

（3）接触器电磁线圈的额定电压应与被控制辅助电路电压一致。对于简单电路，多用 380V 或 220V 电压；在线路较复杂或有低压电源的场合或工作环境有特殊要求时，也可选用 36V、110V 电压等。

（4）接触器的触点数量和种类应满足主电路和控制电路的要求。交流接触器的工作环境要求清洁、干燥，因此应将交流接触器垂直安装在底板上，注意安装位置不得受到剧烈震动，以防剧烈震动造成触点抖动，甚至严重时会发生误动作。

1.1.6　热继电器

热继电器是一种利用电流的热效应来对电动机或其他用电设备进行过载保护的控制电器。电动机在运行过程中，如果长期过载、频繁启动、欠电压运行或断相运行等都可能使电动机的电流超过它的额定值。若电流超过额定值的量不大，熔断器不会熔断，但会引起电动机过热，损坏绕组的绝缘，影响电动机的使用寿命，甚至烧坏电动机。因此必须对电动机采取过载保护措施，最常用的是利用热继电器进行过载保护。

首先介绍热继电器的工作原理，如图 1-12 和图 1-13 所示。热继电器主要由热元件、触点系统、运作机构、复位按钮和整定电流装置等组成。当电动机绕组因过载引起过载电流时，发热元件所产生的热量足以使主双金属片弯曲，推动导板向右移动，进而推动温度补偿片，使推杆绕轴转动，继而推动动触点连杆，使动触点与静触点分开，从而使电动机线路中的接触器线圈断电释放，将电源切断，从而起到保护作用。

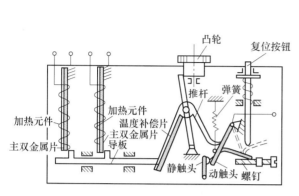

图 1-12　热继电器原理图

图 1-13　热继电器实物图

热继电器动作后的复位有手动复位和自动复位两种。

手动复位：将调节螺钉拧出一段距离，使触点的转动超过一定角度，当双金属片冷却后，触头无法自动复位，这时必须按下复位按钮使触点复位，与触头闭合。

自动复位：切断电源后，热继电器开始冷却，过一段时间双金属片恢复原状，触点在弹簧的作用下自动复位与触点闭合。

热继电器在选用时，应根据电动机额定电流来确定热继电器的型号及热元件的电流等级。

（1）根据电动机的额定电流选择热继电器的规格，一般应使热继电器的额定电流略大于电动机的额定电流。

（2）根据需要的整定电流值选择热元件的电流等级。一般情况下，热元件的整定电流为电动机额定电流的 0.95~1.05 倍。

（3）根据电动机定子绕组的连接方式选择热继电器的结构形式，即定子绕组作Y形连接的电动机选用普通三相结构的热继电器，而作△连接的电动机应选用三相带断相保护装置的热继电器。

1.1.7　时间继电器

时间继电器按照所整定的时间间隔来接通或断开被控制的电路。常用的时间继电器主要有电磁式、电动式、空气阻尼式、晶体管式等。它广泛应用于需要按时间控制顺序进行控制的电气控制线路中。

空气阻尼式时间继电器又称气囊式时间继电器，是利用气囊中的空气通过小孔的原理来获得延时动作的。根据触点延时的特点，可分为通电延时动作型和断电延时复位型两种。空气阻尼式时间继电器（JS7-A 系列）的外形和结构图如图 1-14 所示。

选用说明如下所述：

（1）根据系统的延时范围和精度选择时间继电器的类型和系列。在延时精度要求不高的场合，一般可选用价格较低的 JS7-A 系列空气阻尼式时间继电器，反之，对精度要求较高的场合，可选用晶体管式时间继电器。

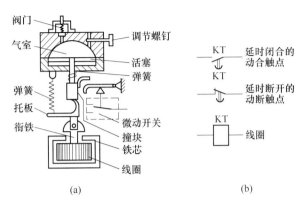

图 1-14　空气阻尼式时间继电器结构原理图

（a）结构；（b）图形符号

（2）根据控制线路的要求选择时间继电器的延时方式（通电延时或断电延时）。同时，还必须考虑线路对瞬时动作触点的要求。

（3）根据控制线路电压选择时间继电器吸引线圈的电压。

空气时间继电器实物图如图 1-15 所示。

图 1-15　空气时间继电器实物图

任务 1.2　电气控制系统简单实例

1.2.1　鼠笼式三相异步电动机

在现代工农业生产中，鼠笼式三相异步电动机的用途最为广泛，有 70%～80% 的机械传动设备是由它来驱动的。由于这种电动机结构简单、运行可靠、维修方便、价格便宜，因而得到广泛应用。图 1-16 为鼠笼式三相异步电动机实物图。

图 1-17 为鼠笼式三相异步电动机结构图。鼠笼式三相异步电动机是指电动机的定子上为三相散嵌式分布绕组，转子为笼式导条。因为该导条形状与鼠笼相似，故称之为鼠笼

图 1-16　鼠笼式三相异步电动机实物图

式异步电动机。当电动机的三相定子绕组（各相差 120° 电角度），通入三相对称交流电后，将产生一个旋转磁场，该旋转磁场切割转子绕组，从而在转子绕组中产生感应电流（转子绕组是闭合通路）。载流的转子导体在定子旋转磁场作用下将产生电磁力，从而在电机转轴上形成电磁转矩，驱动电动机旋转，并且电机旋转方向与旋转磁场方向相同。

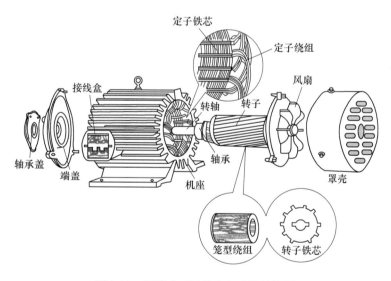

图 1-17　鼠笼式三相异步电动机结构图

　　鼠笼式三相异步电动机接线分为"星形接法"与"三角形接法"。图 1-18 为鼠笼式三相异步电动机接线方式图，"星形接法"又称"Y形接法"把三相电源三个绕组的末端 U2、V2、W2 连接在一起，成为公共点，从始端 U1、V1、W1 引出三条端线。"三角形接法"又称"△形接法"，是将各相电源或负载依次首尾相连，并将每个相连的点引出，作为三相电的三个相线，三角形接法没有中性点，也不可引出中性线，因此只有三相三线制。

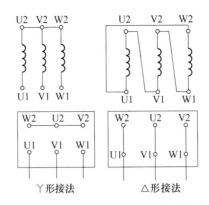

图 1-18 鼠笼式三相异步电动机接线方式图

1.2.2 鼠笼式三相异步电动机全压启动控制

鼠笼式三相异步电动机全压启动控制电路是由刀开关、熔断器、交流接触器和按钮组成的可以实现远距离操作，短路和失电压保护的简单控制电路。当电源断电时，接触线圈断电，主触点断开，使电动机脱离电源。因此，电源通电时，电动机必须经操作人员重新启动，而不会自行启动引起人身和设备事故。

图 1-19 为鼠笼式三相异步电动机全压启动控制原理图。在启动时，首先闭合转换开关 QS，按下启动按钮 SB2 使接触器的吸引线圈通电，KM 的主触点闭合，电机 M 启动运转，KM 的辅助动合触点闭合实现自锁。在停止时，按下停止按钮 SB1，KM 线圈断电，KM 主触点断开，电机 M 停止运转，KM 动合辅助触点断开，撤销自锁。若将图中的自锁点 KM 除去，则可对电动机实现点动控制，即按下按钮 SB2，电动机就转动，松手即停止。

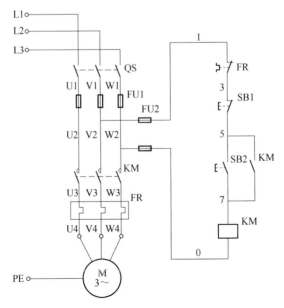

图 1-19 鼠笼式三相异步电动机全压启动控制原理图

1.2.3　鼠笼式三相异步电动机正反转控制

鼠笼式三相异步电动机要实现正反转控制，将其电源的相序中任意两相对调即可（换相），通常是 V 相不变，将 U 相与 W 相对调。为了保证两个接触器动作时能够可靠调换电动机的相序，接线时应使接触器的上口接线保持一致，在接触器的下口调相。由于将两相相序对调，故须确保两个 KM 线圈不能同时得电，否则会发生严重的相间短路故障，因此必须采取互锁。

图 1-20 为鼠笼式三相异步电动机正反转控制原理图。在启动时，首先闭合转换开关 QS，当按下正转按钮 SB2，KM1 线圈通电，KM1 主触点闭合，电动机正转后，串联在 KM2 线圈电路中的动断触点 KM1 断开，此时，即使按下反转按钮 SB3，反向接触器 KM2 也不能动作。同理，当先按下反转按钮 SB3，KM2 动作，电动机反转后，再按正转按钮 SB2，KM1 也不能动作。这样的保护称为联锁或互锁保护。在停止时，按下停止按钮 SB1，KM1 或者 KM2 线圈断电，KM1 或 KM2 主触点断开，电机 M 停止运转，动合辅助触点断开，撤销自锁。

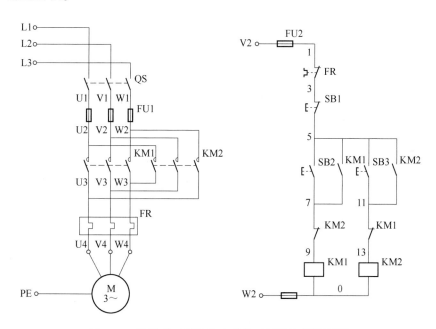

图 1-20　鼠笼式三相异步电动机正反转控制原理图

1.2.4　鼠笼式三相异步电动机星-三角降压启动控制

星-三角启动属降压启动，它是以牺牲功率为代价换取降低启动电流来实现的，所以不能一概以电机功率的大小来确定是否需采用星-三角启动，还要看是什么样的负载。一般在启动时负载轻、运行时负载重的情况下可采用星-三角启动，通常鼠笼型电机的启动电流是运行电流的 5~7 倍，而电网对电压要求一般是正负 10%，为了使电机启动电流不对电网电压形成过大的冲击，可以采用星-三角启动。一般要求在鼠笼型电机的功率超过变压器额定功率的 10% 时就要采用星-三角启动。

图 1-21 为鼠笼式三相异步电动机星–三角降压启动控制原理图。在启动时，闭合转换开关 QS，按下启动按钮 SB2，KM1 和 KM3 线圈通电，KM1 和 KM3 的主触点闭合，电动机按丫形联结降压启动，动合辅助触点 KM1 闭合，实现自锁，动断辅助触点 KM3 断开，使接触器 KM2 电路不通，实现互锁。延时继电器 KT 的线圈在 SB2 按下时就已通电，达到延时时间后，延时断开动断触点 KT 断开，接触器 KM3 断电。同时，延时闭合动合触点 KT 使接触器 KM2 吸引线圈通电，主触点 KM2 闭合，动合辅助触点 KM2 实现自锁电动机的定子绕组接成△形联结，进入全压正常运行状态。动断辅助触点 KM2 断开，时间继电器 KT 和接触器 KMY 的线圈断电，实现互锁。

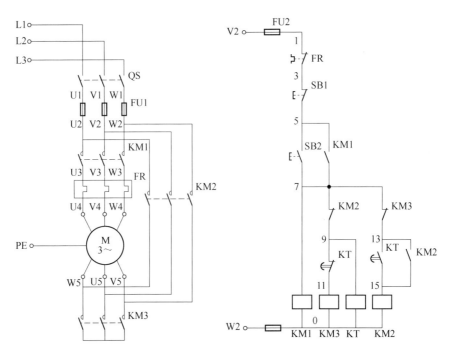

图 1-21　鼠笼式三相异步电动机星–三角降压启动控制原理图

◼ 思政小课堂

中国共产党已走过百年奋斗历程。我们党立志于中华民族千秋伟业，致力于人类和平与发展崇高事业，责任无比重大，使命无上光荣。高质量发展是全面建设社会主义现代化国家的首要任务。中国共产党的中心任务就是团结带领全国各族人民全面建成社会主义现代化强国、实现第二个百年奋斗目标，以中国式现代化全面推进中华民族伟大复兴。中国式现代化建设离不开我们每个人的奋斗。

干一行，爱一行。爱岗，就是热爱自己的本职工作，能够为做好本职工作尽心尽力，在工作岗位上升华自我，实现价值。欲乐业，先敬业。敬业，就是要用恭敬严肃的态度来对待自己从事的职业，对自己的工作倾注专注力和责任心。因此，爱岗敬业，是立足本职岗位，乐业、勤业、敬业，恪尽职守，以最高的标准完成本职工作，尽职尽责。

2021 年 1 月，受强冷空气影响，云南省昭通市大关县遭遇了连续多日的低温雨雪冰冻天气，漫天的飞雪和呼啸的北风，肆虐地蹂躏着这个毫无防备的县城。罕见的低温和冰冻气候，导致高海拔区域输电线覆冰严重，部分输电线路甚至发生了断裂现象，直接造成15 条 10kV 线路故障停运，千家万户顿时陷入了一片黑暗之中。危难之际，大关县电力公司的工人们挺身而出，义无反顾地踏上了抢修电路的岗位。恶劣的气候环境增加了他们的工作难度。入眼是白茫茫的一片。数厘米的积雪覆盖，输电线、电线杆上裹着几厘米厚的冰雪。为了尽快恢复广大群众的用电，大关电力工人们不分昼夜，咬牙坚持，坚守岗位，全力抢修。饿了，就吃点干粮、泡面或烧洋芋，顶着风雪，穿上安全绳，踩着脚扣，爬上电杆，插好三相短路接地线，将断裂的输电导线重新接上。他们把敬业的精神发扬到实践中，各司其职，完美配合，克服了种种困难，完成了艰巨的任务。维修线路的工人在前奋战，剩余的工人则拿着绝缘操作杆除冰除雪，或在冰天雪地里巡视、故障隔离。这种爱岗敬业的精神，刺破了寒冷的冬夜，让冬天里的温暖永不断线！

习 题

1-1　简述行程开关的工作原理。

1-2　简述熔断器的作用。

1-3　简述热继电器的工作原理。

1-4　简述鼠笼式三相异步电动机星–三角降压启动控制的工作原理与过程。

项目 2　PLC 发展历程与趋势

可编程序控制器是在传统的继电接触器控制的基础上发展起来的，最初主要用于实现逻辑控制，故称为可编程序逻辑控制器，简写为 PLC（Programmable Logic Controller）。随着技术的发展，PLC 不仅能完成逻辑控制，还可以实现复杂数据处理及通信功能等，因此改称为可编程序控制器，简写为 PC（Programmable Controller），但为了与个人计算机（Personal Computer，PC）区别，习惯上仍采用 PLC 的称呼。可编程序控制器具有编程简单、使用便捷、通用性好、可靠性高、体积小、易维护等优点，在自动控制领域的应用较为广泛。目前可编程序控制器已从小规模的单机顺序控制发展到过程控制、运动控制等诸多领域。

PLC 可直接应用于工业环境，具有很强的抗干扰能力、广泛的适应能力和应用范围，目前已广泛应用于冶金、化工、矿业、机械、轻工、电力和通信等领域，成为现代工业自动化控制的重要支柱之一。

任务 2.1　PLC 发展情况介绍

2.1.1　PLC 的诞生及发展

传统的工业生产过程中存在着大量的开关控制量，按照逻辑条件顺序动作，并按照逻辑关系进行联锁保护。另外存在大量离散量的数据采集，这些功能是通过继电接触器控制系统来实现的。20 世纪 60 年代，汽车生产流水线的控制系统就是继电接触器控制的典型代表。当时汽车的每次改型生产都直接导致继电接触器控制装置的重新设计和安装。随着生产的发展，汽车型号更新的周期愈来愈短，这样，继电接触器控制装置就经常需要重新设计和安装，十分费工、费时、费料。为了改变这一现状，美国通用汽车公司公开招标，要求用新的控制装置取代继电接触器控制装置，并提出了 9 项招标：

（1）可靠性高于继电接触器控制装置；

（2）维修方便，采用模块化结构；

（3）数据可直接传入管理计算机；

（4）体积小于继电接触器控制装置；

（5）成本可与继电接触器控制装置竞争；

（6）输入可以是交流 115V；

（7）输出为交流 115V、2A 以上，能直接驱动电磁阀、接触器等；

（8）用户程序存储器容量至少能扩展到 4KB；

（9）在扩展时，原系统只需很小变更。

1969 年，美国数字设备公司（DEC）研制出第一台 PLC，在美国通用汽车自动装配线上使用，并获得成功。它基于集成电路、电子工程等技术，首次采用程序化的手段应用于电气控制。这种新型的工业控制装置以其简单易懂、操作方便、可靠性高、通用灵活、体积小、使用寿命长等一系列优点，很快地在美国其他工业领域推广应用。到 1971 年，已经成功地应用于餐饮、冶金、造纸等工业领域。

早期的 PLC（20 世纪 60 年代末至 70 年代中期）一般称为可编程序逻辑控制器。这时的 PLC 还应该看作继电接触器控制装置的替代物，其主要功能只是执行传统继电接触器完成的顺序控制、定时控制等。它在硬件上以准计算机的形式出现，在 I/O 接口电路上进行了改进，以适应工业控制现场的要求。装置中的元器件主要采用分立元件和中小规模集成电路，存储器采用磁芯存储器，另外还采取了一些措施，以提高其抗干扰的能力。在软件编程上，采用了广大电气工程技术人员所熟悉的继电接触器控制线路的梯形图，其中 PLC 特有的编程语言——梯形图一直沿用至今。

中期的 PLC（20 世纪 70 年代中期至 80 年代中后期）由于微处理器的出现而发生了巨大的变化。美国、日本、德国（当时称为西德）等国的厂家先后开始采用微处理器作为 PLC 的中央处理单元（CPU），使 PLC 的功能大大增强。在软件方面，除了保持其原有的逻辑运算、计时、计数等功能以外，还增加了算术运算、数据处理与传送、通信、自我诊断等功能。在硬件方面，除了保持其原有的开关量模块以外，还增加了模拟量模块、远程 I/O 模块及特殊功能模块，并扩大了存储器的容量，使各种逻辑线圈的数量有所增加，还提供了一定数量的数据寄存器，使 PLC 的应用范围得以扩展。

后期的 PLC（20 世纪 80 年代中后期至今）由于超大规模集成电路技术的迅速发展，微处理器的市场价格大幅度下跌，使得各种类型的 PLC 所采用的微处理器的档次普遍提高。而且，为了进一步提高 PLC 的处理速度，各制造厂商还纷纷研制开发了专用逻辑处理芯片，使得 PLC 的软件、硬件功能发生了翻天覆地的变化。

2.1.2 PLC 的应用领域

目前，PLC 在国内外已广泛应用于电力、建材、机械制造、钢铁、石油、化工、汽车、轻纺、交通运输、环保及娱乐等各个行业，使用情况大致可归纳为如下几类：

（1）开关量的逻辑控制。开关量的逻辑控制是可编程控制器最基本、最广泛的应用领域，它取代传统的继电器电路，实现逻辑控制、顺序控制，既可用于单台设备的控制，也可用于多机群控及自动化流水线，如注塑机、印刷机、订书机械、组合机床、磨床、包装生产线、电镀流水线等。

（2）模拟量控制。在工业生产过程中，有许多连续变化的量，如温度、压力、流量、液位和速度等，称为模拟量。为了使 PLC 能够处理模拟量，必须实现模拟量（Analog）和数字量（Digital）之间的 A/D 转换及 D/A 转换。目前各 PLC 厂家都提供了配套的 A/D 和 D/A 转换模块，从而使可编程序控制器适用于模拟量控制。

（3）过程控制。过程控制是指对压力、温度、流量等模拟量的闭环控制。作为工业控制计算机，PLC 能编制各种各样的控制算法程序，完成闭环控制。PID 调节是一般闭环控制系统中用得较多的调节方法。大中型 PLC 都有 PID 模块，目前许多小型 PLC 也具有此功能模块。PID 处理一般是运行专用的 PID 子程序。过程控制在冶金、化工、热处理、锅炉控制等场合有非常广泛的应用。

（4）运动控制。PLC 可以用于直线运动、圆周运动的控制。从控制机构配置来说，早期的 PLC 直接使用开关量 I/O 模块连接位置传感器和执行机构，现在一般使用专用的运动控制模块，如可驱动步进电动机或伺服电动机的单轴或多轴位置控制模块。目前各主要 PLC 厂家的产品几乎都有运动控制功能，从而使 PLC 广泛适用于各种电梯、机械、机床、机器人等场合。

（5）数据处理。PLC 具有数学运算（含矩阵运算、函数运算、逻辑运算）、数据传送、数据转换、排序、查表、位操作等功能，可以完成数据的采集、分析及处理。这些数据可以与存储在存储器中的参考值比较，完成一定的控制操作，也可以利用通信功能传送到别的智能装置，或将它们打印制表。数据处理一般用于大型控制系统，如无人控制的柔性制造系统，也可用于过程控制系统，如造纸、冶金、食品、药品工业中的一些大型控制系统。

（6）通信及联网。PLC 通信包括 PLC 间的通信及 PLC 与其他智能设备间的通信。随着计算机控制技术的发展，工厂自动化网络发展得很快，各 PLC 厂商都十分重视 PLC 的通信功能，纷纷推出各自的网络系统，新近生产的 PLC 都具有通信接口，通信非常方便。PLC 的应用范围已从传统的产业设备和机械的自动控制，扩展到中小型过程控制系统、远程维护服务系统、节能监视控制系统，以及与生活、环境相关联的机器等各种应用领域。

2.1.3 国内外 PLC 介绍

2.1.3.1 国外 PLC 介绍

目前 PLC 在我国得到了广泛的应用，很多知名厂家的 PLC 在我国都有应用。

（1）美国是 PLC 生产大国，有 100 多家 PLC 生产厂家。其中 A-B 公司的 PLC 产品规格比较齐全，主推大中型 PLC，主要产品系列是 PLC-5。通用电气也是知名 PLC 生产厂商，大中型 PLC 产品系列有 RX3i 和 RX7i 等。德州仪器也生产大、中、小全系列 PLC 产品。

（2）欧洲的 PLC 产品也久负盛名。德国的西门子公司、AEG 公司和法国的施耐德公司都是欧洲著名的 PLC 制造商。其中西门子公司的 PLC 产品与美国的 A-B 的 PLC 产品齐名。

（3）日本的小型 PLC 具有一定的特色，性价比高。知名的品牌有三菱、欧姆龙、松下、富士、日立和东芝等，在小型机市场，日系 PLC 的市场份额曾经高达 70%。

2.1.3.2 国内 PLC 介绍

我国自主品牌的 PLC 生产厂家有 30 余家。在目前已经上市的众多 PLC 产品中，还没有形成规模化的生产和名牌产品，甚至还有一部分是以仿制、来件组装或以"贴牌"方式生产。单从技术角度来看，国产小型 PLC 与国际知名品牌小型 PLC 差距正在缩小，使用越来越多。例如和利时、深圳汇川和无锡信捷等公司生产的微型 PLC 已经比较成熟，其可靠性在许多低端应用中得到了验证，逐渐被用户认可，但其知名度与世界先进水平还有一定的差距。

总的来说，我国使用的小型 PLC 主要以日本和国产品牌为主，而大中型 PLC 主要以欧美品牌为主。目前 95% 以上的 PLC 市场被国外品牌所占领。

任务 2.2　PLC 的特点及技术性能指标

2.2.1　PLC 的特点

（1）可靠性高。PLC 可以直接安装在工业现场且稳定可靠地工作。PLC 在设计时，除选用优质元器件外，还采用隔离、滤波、屏蔽等抗干扰技术，并采用先进的电源技术、故障诊断技术、冗余技术和良好的制造工艺，从而使 PLC 的平均无故障时间达到 3 万～5 万小时以上。大型 PLC 还可以采用由双 CPU 构成的冗余系统及由三 CPU 构成的表决系统，使可靠性进一步提高。

（2）控制功能完善。PLC 既可取代传统的继电接触器控制，实现定时、计数、步进等控制功能，完成对各种开关量的控制，又可实现模/数、数/模转换，具有数据处理能力，完成对模拟量的控制。新一代的 PLC 还具备联网功能，可将多台 PLC 与计算机连接起来，构成分布式控制系统，用来完成大规模的、复杂的控制任务。此外，PLC 还有许多特殊功能模块，适用于各种特殊控制的要求，如定位控制模块、闭环控制模块、称重模块、高速计数模块等。

（3）通用性强。各 PLC 的生产厂家均有各种系列化、模块化、标准化的 PLC 产品，用户可根据生产规模和控制要求灵活选用，以满足各种控制系统的要求。PLC 的电源、输入、输出信号等也有多种规格，当系统控制要求发生变化时，只需修改设置即可满足新要求。

（4）编程直观、简单。PLC 中最常用的编程语言是与传统的继电接触器电路图类似的梯形图语言，这种编程语言形象直观，容易掌握，使用者不需要专门的计算机知识，可在短时间内掌握。当控制流程发生改变时，可使用编程器在线或离线修改程序，使用方便、灵活。对于大型复杂的控制系统，还有各种图形编程语言供设计者使用，设计者只需要熟悉工艺流程即可编程。

（5）系统的设计、实施工作量小。PLC 用存储逻辑代替接线逻辑，大大减少了控制设备外部的接线，使控制系统设计及实施的周期大为缩短，非常适合多品种、小批量的生产场合，同时维护也变得很容易，更关键的是同一设备只需改变程序就可适用于各种生产过程。

（6）体积小、维护方便。PLC 重量轻、体积小、结构紧凑、硬件连接方式简单、便于安装维护。维修时，通过更换各种模块，可以迅速排除故障。另外，PLC 具有自诊断、故障报警功能，面板上的各种指示便于操作人员检查调试，有的 PLC 还可实现远程诊断调试功能。

2.2.2　PLC 的技术性能指标

（1）I/O 点数。I/O 点数通常是指 PLC 的外部数字量的输入和输出端子数，这是一项重要的技术指标，可以用 CPU 本机自带 I/O 点数来表示，或者以 CPU 的 I/O 最大扩展点数来表示，还可用 PLC 的外部扩展的最大模拟量数来表示。通常小型机最多有几十个点，中型机有几百个点，大型机超过千点。

（2）扫描速度。PLC 的处理速度一般用基本指令的执行时间来衡量，即一条基本指令的扫描速度，主要取决于所用芯片的性能。

（3）存储器容量。存储器容量指的是 PLC 所能存储用户程序、数据等信息的多少，一般以字节为单位。

（4）指令种类和条数。指令系统是衡量 PLC 软件功能的主要指标。PLC 指令包括基本指令和高级指令（或功能指令）两大类，指令的种类和数量越多，其软件功能越强，编程就越灵活、越方便。

（5）内存分配及编程元件的种类和数量。PLC 内部存储器一部分用于存储各种状态和数据，包括输入继电器、输出继电器、内部辅助继电器、特殊功能内部继电器、定时器、计数器、通用"字"存储器、数据存储器等，其种类和数量关系到编程是否方便灵活，也是衡量 PLC 硬件功能强弱的重要指标。

另外，不同的 PLC 还有其他一些指标，如编程语言及编程手段、输入/输出方式、特殊功能模块种类、自诊断、监控、主要硬件型号、工作环境及电源等级等。

任务 2.3 PLC 的组成与工作原理

2.3.1 PLC 的组成

PLC 是微机技术和控制技术相结合的产物，是一种以微处理器为核心的用于控制的特殊计算机，因此 PLC 的基本组成与一般的微机系统类似。

PLC 的硬件主要由中央处理器（Central Processing Unit，CPU）、存储器、输入单元、输出单元、通信接口、扩展接口、电源等部分组成。其中，CPU 是 PLC 的核心，输入单元与输出单元是连接现场输入/输出（I/O）设备与 CPU 之间的接口电路，通信接口用于与编程器、上位计算机等外设连接。图 2-1 是 PLC 的基本组成。

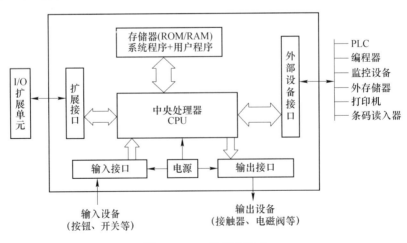

图 2-1 PLC 的基本组成

2.3.1.1 中央处理单元（CPU）

同一般的微机一样，CPU 是 PLC 的核心。小型 PLC 大多采用 8 位通用微处理器和单片微处理器；中型 PLC 大多采用 16 位通用微处理器或单片微处理器；大型 PLC 大多采用高速位片式微处理器。

目前，小型 PLC 为单 CPU 系统，而中、大型 PLC 则大多为双 CPU 系统，甚至有些 PLC 中 CPU 多达 8 个。对于双 CPU 系统，其中一个为字处理器，通常采用 8 位或 16 位处理器；另一个为位处理器，采用由各厂家设计制造的专用芯片。字处理器为主处理器，用于执行编程器接口功能，监视内部定时器，监视扫描时间，处理字节指令以及对系统总线和位处理器进行控制等。位处理器为从处理器，主要用于处理位操作指令和实现 PLC 编程语言向机器语言的转换。微处理器的采用，提高了 PLC 的速度，使 PLC 更好地满足实时控制要求。在 PLC 中 CPU 按系统程序赋予的功能，指挥 PLC 有条不紊地进行工作，归纳起来主要有以下几个方面：

（1）诊断电源、PLC 内部电路的工作故障和编程中的语法错误等；

（2）接收从编程器输入的用户程序和数据；

（3）通过输入接口接收现场的状态或数据，并存入输入映像寄存器或数据寄存器中；

（4）从存储器逐条读取用户程序，经过解释后执行；

（5）根据执行的结果，更新有关标志位的状态和输出映像寄存器的内容，通过输出单元实现输出控制。有些 PLC 还具有制表打印或数据通信等功能。

2.3.1.2　存储器单元

存储器主要有两种：一种是可读/写操作的随机存储器（RAM）；另一种是只读存储器（ROM、PROM、EPROM 和 E²PROM）。在 PLC 中，存储器主要用于存放系统程序、用户程序及工作数据。

系统程序是由 PLC 的制造厂家编写的，与 PLC 的硬件组成有关，完成系统诊断、命令解释、功能子程序调用管理、逻辑运算、通信及各种参数设定等功能，提供 PLC 运行的平台。系统程序关系到 PLC 的性能，而且在 PLC 使用过程中不会变动，所以是由制造厂家直接固化在只读存储器 ROM、PROM 或 EPROM 中，用户不能访问和修改。

用户程序是随 PLC 的控制对象而定的，由用户根据对象生产工艺的控制要求而编制的应用程序。为了便于读出、检查和修改，用户程序一般存于 CMOS 静态 RAM 中，用锂电池作为后备电源，以保证掉电时不会丢失信息。为了防止干扰对 RAM 中程序的破坏，当用户程序经过调试，运行正常且不需要改变时，可将其固化在只读存储器 EPROM 中。现在有许多 PLC 直接采用 E²PROM 作为用户存储器。

工作数据是 PLC 运行过程中经常变化、经常存取的一些数据。存放在 RAM 中，以适应随机存取的要求。在 PLC 的工作数据存储器中，设有存放输入/输出继电器、辅助继电器、定时器、计数器等逻辑器件的存储区，这些器件的状态都是由用户程序的初始设置和运行情况而确定的。根据需要，部分数据在掉电时用后备电池维持其现有的状态，这部分在掉电时可保存数据的存储区域称为保持数据区。

由于系统程序及工作数据与用户无直接联系，所以在 PLC 产品样本或使用手册中所列存储器的形式及容量是指用户程序存储器。当 PLC 提供的用户存储器容量不够用时，许多 PLC 还提供有存储器扩展功能。

2.3.1.3　电源单元

电源单元将外界提供的电源转换成 PLC 的工作电源后，提供给 PLC。有些电源单元也可以作为负载电源，通过 PLC 的 I/O 接口向负载提供直流 24V 电源。PLC 的电源一般采用开关电源，输入电压范围宽，抗干扰能力强。电源单元的输入与输出之间有可靠的隔离，以确保外界的扰动不会影响到 PLC 的正常工作。电源单元还提供断电保护电路和后备电池电源，以维持部分 RAM 存储器的内容在外界电源断电后不会丢失。在面板上通常有发光二极管指示电源的工作状态，便于判断电源工作是否正常。

2.3.1.4　输入/输出单元

输入/输出单元通常也称 I/O 单元或 I/O 模块，是 PLC 与工业生产现场之间的连接部件。PLC 通过输入接口可以检测被控对象的各种数据，以这些数据作为 PLC 对被控制对象进行控制的依据，PLC 又通过输出接口将处理结果送给被控制对象，以实现控制的目的。

由于外部输入设备和输出设备所需的信号电压是多种多样的，而 PLC 内部 CPU 处理的信息只能是标准电压，所以 I/O 接口要实现这种转换。I/O 接口一般都具有光电隔离和滤波功能，以提高 PLC 的抗干扰能力。另外，I/O 接口上通常还有状态指示，工作状况直观，便于维护。PLC 提供了多种操作电压和驱动能力的 I/O 接口，有各种各样功能的 I/O 接口供用户选用。I/O 接口的主要类型有数字量（开关量）输入、数字量（开关量）输出、模拟量输入、模拟量输出等。

2.3.1.5　接口单元

接口单元包括扩展接口、通信接口、编程器接口和存储器接口等。PLC 的 I/O 单元也属于接口单元的范畴，它完成 PLC 与工业现场之间电信号的往来联系。除此之外，PLC 与其他外界设备和信号的联系都需要相应的接口单元。

（1）I/O 扩展接口。I/O 扩展接口用于扩展输入/输出点数，当主机的 I/O 通道数量不能满足系统要求时，需要增加扩展单元，这时需要用到 I/O 扩展接口将扩展单元与主机连接起来。西门子公司 S7-1200/1500 中的接口模块（例如 IM365、IM360/361 等）就是专用于连接中央机架和扩展机架的扩展接口。

（2）通信接口。PLC 配有各种通信接口，这些通信接口一般都带有通信处理器。PLC 通过这些通信接口可与监视器、打印机、其他 PLC、计算机等设备实现通信。PLC 与打印机连接，可将过程信息、系统参数等输出打印。与监视器连接，可将控制过程图像显示出来。与其他 PLC 连接，可组成多机系统或连成网络，实现更大规模的控制。与计算机连接，可组成多级分布式控制系统，实现控制与管理相结合。另外，远程 I/O 系统也必须配备相应的通信接口模块。

（3）编程器接口。编程器接口是连接编程器的，PLC 本体通常是不带编程器的。为了能对 PLC 编程和监控，PLC 上专门设置有编程器接口。通过这个接口可以连接各种形式的编程装置，还可以利用此接口做通信、监控工作。

（4）存储器接口。存储器接口是为了扩展存储区而设置的。用于扩展用户程序存储区和用户数据参数存储区，可以根据使用的需要扩展存储器，其内部也是接到总线上的。

（5）智能接口模块。智能接口模块是一个独立的计算机系统，它有自己的 CPU、系统程序、存储器以及与 PLC 统总线相连的接口。它作为 PLC 系统的一个模块，通过总线与 PLC 相连，进行数据交换，并在 PLC 的协调管理下独立地讲行工作。PLC 的智能接口模块种类很多，如高速计数模块、闭环控制模块、运动控制模块、中断控制模块等。

（6）外部设备。PLC 的外部设备种类很多，总体来说可以概括为编程设备、监控设备、存储设备、输入/输出设备几大类。

2.3.2 PLC 的工作原理

PLC 是基于电子计算机的工业控制器，从 PLC 产生的背景来看，PLC 系统与继电器控制系统有着极深的渊源，因此一个继电器控制系统必然包含输入部分、逻辑电路部分和输出部分。输入部分的组成元件大体上是各类按钮、转换开关、行程开关、接近开关、光电开关等，输出部分则是各种电磁阀线圈、接触器、信号指示灯等执行元件，将输入与输出联系起来的就是逻辑电路部分，一般由继电器、计数器、定时器等器件的触点、线圈按照要求的逻辑关系连接而成，能够根据要求完成控制动作。

当用 PLC 来完成这个控制任务时，可将输入条件接入 PLC，而用 PLC 的输出单元驱动接触器 KM，它们之间要满足的逻辑关系由程序实现，如图 2-2 所示。

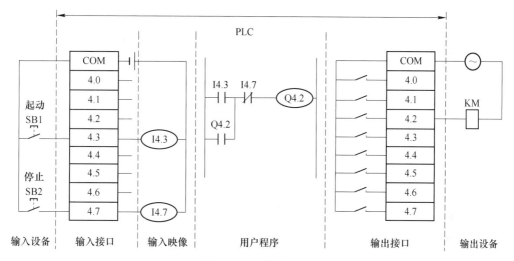

图 2-2 PLC 等效电路

两个输入按钮信号经过 PLC 的接线端子进入输入接口电路，PLC 的输出经过输出接口、输出端子驱动接触器 KM；用户程序所采用的编程语言为梯形图语言。两个输入分别接入 I4.3 和 I4.7 端口，输出所用端口为 Q4.2，图中只画出 8 个输入端口和 8 个输出端口，实际使用时可任意选用。输入映像对应的是 PLC 内部的数据存储器，而非实际的继电器线圈。

图中的 I4.0~I4.7、Q4.0~Q4.7 分别表示输入、输出端口的地址，也对应着存储器空间中特定的存储位，这些位的状态（ON 或者 OFF）表示相应输入、输出端口的状态。每一个输入、输出端口的地址是唯一固定的，PLC 的接线端子号与这些地址一一对应。由于所有的输入、输出状态都是由存储器位来表示的，它们并不是物理上实际存在的继电器线圈，所以常称它们为"软元件"，它们的常开、常闭触点可以在程序中无限次使用。PLC 的工作过程以循环扫描的方式进行，当 PLC 处于运行状态时，它的运行周期可以划分为输入采样阶段、程序执行阶段、输出刷新阶段三个基本阶段。

2.3.2.1 输入采样阶段

在这个阶段，PLC 逐个扫描每个输入端口，将所有输入设备的当前状态保存到相应的存储区，把专用于存储输入设备状态的存储区称为输入映像寄存器，图 2-2 中以线圈形式标出的 I4.3、I4.7，实际上是输入映像寄存器的形象比喻。输入映像寄存器的状态被刷新后，将一直保存，直至下一个循环才会被重新刷新，所以当输入采样阶段结束后，如果输入设备的状态发生变化，也只能在下一个周期才能被 PLC 接收到。

2.3.2.2　程序执行阶段

PLC 将所有的输入状态采集完毕后，进入用户程序的执行阶段。所谓用户程序的执行，并非是系统将 CPU 的工作交由用户程序来管理，CPU 所执行的指令仍然是系统程序中的指令。在系统程序的指示下，CPU 从用户程序存储区逐条读取用户指令，经解释后执行相应动作，产生相应结果，刷新相应的输出映像寄存器，其间需要用到输入映像寄存器、输出映像寄存器的相应状态。

当 CPU 在系统程序的管理下扫描用户程序时，按照先上后下、先左后右的顺序依次读取梯形图中的指令。以图 2-2 中的用户程序为例，CPU 首先读到的是常开触点 I4.3，然后在输入映像寄存器中找到 I4.3 的当前状态，接着从输出映像寄存器中得到 Q4.2 的当前状态，两者的当前状态进行"或"逻辑运算，结果暂存；CPU 读到的下一条梯形图指令是 I4.7 的常闭触点，同样从输入映像寄存器中得到 I4.7 的状态，将 I4.7 常闭触点的当前状态与上一步的暂存结果进行逻辑"与"运算，最后根据运算结果得到输出线圈 Q4.2 的状态（"ON"或者"OFF"），并将其保存到输出映像寄存器中，也就是对输出映像寄存器进行了刷新。请注意，在程序执行过程中用到了 Q4.2 的状态，这个状态是上一个周期执行的结果。

当用户程序被完全扫描一遍后，所有的输出映像都被依次刷新，系统将进入下一个阶段，即输出刷新阶段。

2.3.2.3　输出刷新阶段

在这个阶段，系统程序将输出映像寄存器中的内容传送到输出锁存器中，经过输出接口或输出端子输出，驱动外部负载。输出锁存器一直将状态保持到下一个循环周期，而输出映像寄存器的状态在程序执行阶段是动态的。

2.3.2.4　总结

根据上述过程的描述，可对 PLC 工作过程的特点总结如下：

（1）PLC 采用集中采样、集中输出的工作方式，这种方式减少了外界干扰的影响。

（2）PLC 的工作过程是循环扫描的过程，循环扫描时间的长短取决于指令执行速度、用户程序的长度等因素。

（3）输出对输入的响应有滞后现象。PLC 采用集中采样、集中输出的工作方式，当采样阶段结束后，输入状态的变化将要等到下一个采样周期才能被接收，因此这个滞后时间的长短又主要取决于循环周期的长短。此外，影响滞后时间的因素还有输入电路滤波时间、输出电路的滞后时间等。

（4）输出映像寄存器的内容取决于用户程序扫描执行的结果。

（5）输出锁存器的内容，由上一次输出刷新期间输出映像寄存器中的数据决定。

（6）PLC 当前实际的输出状态，由输出锁存器的内容决定。

需要补充说明的是，当系统规模较大、I/O 点数众多、用户程序比较长时，单纯采用上面的循环扫描工作方式会使系统的响应速度明显降低，甚至会丢失、错漏高频输入信号，因此大多数大中型 PLC 在尽量提高程序指令执行速度的同时，也采取了一些其他措施来加快系统响应速度。例如采用定周期输入采样、输出刷新，直接输入采样、直接输出刷新，中断输入、输出，或者开发智能 I/O 模块，模块本身带有 CPU，可以与主机的 CPU 并行工作，分担一部分任务，从而加快整个系统的执行速度。

2.3.3　西门子 S7-1200 PLC 介绍

S7-1200 PLC 如图 2-3 所示。这一系列 PLC 的主要特点如下：

（1）可拓展模块的数目得到提升，最多可以拓展 11 个模块（具体数目根据 CPU 的型号而不同），其中在 PLC 主体左侧最多可以拓展 3 个通信模块，右侧最多可以拓展 8 个 SM 模块（IO 模块）。

（2）RJ45 接口成为标配，使得编程和调试更加方便，其中 RJ45 接口可直接用作 Profinet（具体是否可作为 Profinet，还与 CPU 型号和 CPU 版本有关）。

（3）在 PLC 本体上新添加了一个板卡拓展接口，该接口可以连接信号板卡（Signal board，SB）、通信板卡（Communication board，CB）、电池板卡（Battery board，BB）。

（4）在 PLC 上可以选择插入一张 SD 卡。该卡可以有三种用途：用于传递程序，用于传递固件升级包，为其 CPU 的内部载入内存（Load memory）拓展。当然如果没有插入 SD 卡，PLC 依然可以使用。

（5）使用 TIA 博途软件为其编程软件，可以应用一切软件专为本设备设计的新功能。

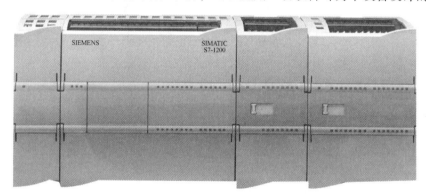

图 2-3　西门子 S7-1200 PLC

2.3.4　西门子 S7-1500 PLC 介绍

S7-1500 PLC 如图 2-4 所示。这一系列 PLC 的主要特点如下：

（1）CPU 显示模块（CPU Display）：在 CPU 模块上可以选择添加一个 CPU 显示模块。由左下和右下的两个按钮组成。操作方式类似传统手机，方向键用于选择菜单；左下按钮的功能等于当前屏幕左下方所显示的文字，通常为返回上一表单的功能；右下按钮的功能等于当前屏幕右下方所显示的文字，通常为确认功能 CPU 显示模块，可以用于查看 CPU 的状态、查看 CPU 的诊断信息、对 CPU 进行简单的参数设置、查看和修改变量。显示模块本身是一个选件，用于方便 PLC 的使用者，是否装配该模块不能影响 PLC 本身的使用。

（2）卡槽与安装：S7-1500 PLC 与 S7-300 类似，使用纯机械背板，背板上不带任何电子元器件，也不需要硬件组态，使用时将所有模块固定在背板上，模块与模块之间使用 U 形连接器相连。一台 S7-1500 PLC 本体机架上最多可安装 32 个模块（包括电源和 CPU 模块），其中槽号从 0 开始计数。这样电源模块为 0 号槽，CPU 模块为 1 号槽。

（3）Profibus 和 Profinet：所有型号均配有 Profinet 和两端口交换机（有两个 Profinet 接口，两个接口之间连接有内置交换机）。部分型号（CPU1516 和 CPU1518）有 Profibus 总线接口。

（4）PS 和 PM 电源：在机架上，电源模块需要安装在 CPU 模块的左侧。S7-1500 PLC 的电源有两种形式——PS 和 PM。若使用 PS 电源模块，模块通过 U 形连接器连接到 CPU 模块。电源通过背板（各个模块的 U 形连接器）传递给每个模块。在使用时，需要将电源模块组态在项目中。电源被组态后，TIA 博途软件会自动计算背板上各个模块对电源的消耗。如果计算出供电问题，会给予相应的错误提示。若使用 PM 电源模块，则与 S7-300 的电源使用方式类似。该模块无须组态，只需要从模块上取下 24V 直流电源并用导线连接到需要接入电源的模块上便可。

（5）SD 卡的使用：S7-1500 PLC 必须插入一个 SD 卡才可以使用，它没有内部载入存储器（Load memory），外部插入的 SD 卡作为载入存储器使用。

（6）使用 TIA 博途软件为其编程软件，可以应用一切软件专为本设备设计的新功能。

图 2-4　西门子 S7-1500 PLC

任务 2.4　PLC 的发展趋势

PLC 的发展趋势主要有以下方面：

（1）向高性能、高速度、大容量发展。

（2）强化通信能力和网络化，向下将多个 PLC 或者多个 I/O 框架相连，向上与工业计算机、以太网等相连，构成整个工厂的自动化控制系统。即便是微型的 S7-200 系列 PLC 也能组成多种网络，通信功能十分强大。

（3）小型化、低成本、简单易用。

（4）不断提高编程软件的功能，编程软件可以对 PLC 控制系统的硬件组态，在屏幕上可以直接生成和编辑梯形图、指令表、功能块图和顺序功能图程序，并可以实现不同编程语言的相互转换。程序可以下载、存盘和打印，通过网络或电话线，还可以实现远程编程。

（5）适合 PLC 应用的新模块。随着科技的发展，对工业控制领域将提出更高的、更特殊的要求，因此，必须开发特殊功能模块来满足这些要求。

（6）PLC 的软件化与 PC 化。目前已有多家厂商推出了在 PC 上运行的可实现 PLC 功能的软件包，也称为"软 PLC"，"软 PLC"的性能价格比比传统的"硬 PLC"更高，是 PLC 的一个发展方向。PC 化的 PLC 类似于 PLC，但它采用了 PC 的 CPU，功能十分强大，如 GE 的 Rx7i 和 Rx3i 使用的就是工控机用的赛扬 CPU，主频已经达到 1GHz。

■ 思政小课堂

教育、科技、人才是全面建设社会主义现代化国家的基础性、战略性支撑。必须坚持科技是第一生产力、人才是第一资源、创新是第一动力，深入实施科教兴国战略、人才强国战略、创新驱动发展战略，开辟发展新领域新赛道，不断塑造发展新动能新优势。

"天下之本在国，国之本在家，家之本在身。"家国情怀是思政教育的价值归旨，也是课堂思政化的灵魂。我国在信息技术产业领域高速发展，从硬件芯片到软件操作系统都有国产厂商参与布局。但参与其中并不意味着全面掌握核心技术，因为很多技术都是在别人的基础上发展的。拿芯片来说，虽然芯片是国产厂商设计，但设计芯片使用的工业软件却来自国外。

任正非说：我认为，大学是要努力让国家明天不困难。如果大学都来解决眼前问题，明天又会出来新的问题，那问题就永远都解决不了。你们去搞你们的科学研究，我们搞我们的工程问题。

一直以来，我们都在赞叹任正非的长远眼光和胸怀，但我想这一次体现出来的，绝不仅是眼光和胸怀，还要在最艰难时刻紧盯着祖国发展，更重要的是任正非胸中那一颗始终不变的赤子之心！更重要的是他"国家为先"的无私精神！

这颗赤子之心令人尊敬，这种无私精神更值得我辈学习！如果咱们国内再出几个这样的任正非、再来几家华为，何愁科技不能早日腾飞？

习　题

2-1　简述 PLC 的应用领域。

2-2　简述 PLC 的硬件组成。

2-3　简述 PLC 的特点。

2-4　简述 PLC 的技术性能指标。

2-5　简述 PLC 的工作过程。

项目 3　S7-1200/1500 PLC 开发软件初识

如今，工业 4.0 正在引领第四次工业革命，工业 4.0 强调"智能工厂"和"智能生产"，随着智能制造业的不断进步，市场竞争也在变得越发激烈，客户需要新的、高质量的产品，并且要求以更快的速度交付定制的产品。因此，企业必须不断提高生产力水平，才能够应对不断增长的成本压力。

西门子公司全新推出的 TIA 博途（Totally Integrated Automation Portal，TIA Portal）软件 V15.1 版本有助于企业缩短产品上市时间，并提高生产力水平。全集成自动化的 TIA 博途 V15.1 工程平台，为用户带来一系列全新的数字化企业功能，可充分满足工业 4.0 的要求。

任务 3.1　西门子 TIA 博途软件简介

TIA 博途软件将自动化软件工具都集成到一个开发环境中，是业内首个采用统一工程组态和软件项目环境的自动化软件，可在同一开发环境中组态几乎所有的西门子可编程序控制器、人机界面和驱动装置等，在控制器、驱动装置和人机界面之间建立通信时的共享任务，可大大降低连接和组态的成本。TIA 博途软件包含博途 STEP 7、博途 WinCC、博途 Startdrive 和博途 SCOUT 等。用户可以根据实际应用情况，购置以上任意一种软件产品或者多种产品的组合。

（1）博途 STEP 7。博途 STEP 7 是用于组态 SIMATIC S7-1200 PLC、S7-1500 PLC、S7-300/400 PLC 和 WinAC 控制器系列的工程组态软件。

（2）博途 WinCC。基于 TIA 博途平台的全新 SIMATIC WinCC，适用于大多数的 HMI 应用，包括 SIMATIC 触摸型和多功能型面板、新型 SIMATIC 人机界面精简及精智系列面板，也支持基于 PC 多用户系统上的 SCADA 应用。博途 WinCC 有 4 种版本，具体使用取决于可组态的操作员控制系统。

（3）博途 Startdrive。基于博途平台西门子推出了 Startdrive 软件，可以对驱动器进行组态、参数设置、调试和诊断。

（4）博途 SCOUT。SCOUT 是用于运动控制系统的组态、参数设置、编程调试和诊断的软件，在博途平台上称为 Scout TIA，目前最新的版本是 Scout TIA V5.2 SP1。SCOUT 功能很强大，可以对伺服驱动器进行组态、设置参数，可以对轴进行参数设置，可以编写控制程序，支持 ST、LAD、FBD 等编程语言，支持 Profibus-DP、Profinet、以太网等通信方式，支持控制系统的调试和诊断。

任务 3.2　西门子 TIA 博途软件安装与卸载

3.2.1　西门子 TIA 博途软件安装环境

本书所使用软件版本为 TIA 博途 STEP 7 V15.1 professional。

3.2.1.1　硬件要求

TIA 博途 V15.1 软件推荐的计算机硬件配置见表 3-1。

表 3-1　计算机硬件配置表

硬　件	要　　求
计算机	SIMATIC Field PC M5 Advanced 或更高版本
处理器	Intel R Core i5-6440EQ 2.7GHz 或更高
内存	16GB 或更多（对于大型项目，为 32GB）
硬盘	SSD，配备至少 50GB 的存储空间
显示器	15.6″全高清显示器（1920 像素×1080 像素或更高）

3.2.1.2　支持的操作系统

TIA 博途 STEP7 V15.1 专业版软件可以安装于下列操作系统（只支持 64 位操作系统）中：

Microsoft Windows 7 家庭高级版 SP1（仅 STEP 7 基本版）

Microsoft Windows 7 专业版 SP1

Microsoft Windows 7 企业版 SP1

Microsoft Windows 7 旗舰版 SP1

Microsoft Windows 8.1（仅 STEP 7 基本版）

Microsoft Windows 8.1 专业版

Microsoft Windows 8.1 企业版

Microsoft Windows 10 家庭版 1607（仅 STEP 7 基本版）

Microsoft Windows 10 专业版 1607

Microsoft Windows 10 企业版 1607

Microsoft Windows 10 企业版 2016 长期服务版（LTSB）

Microsoft Windows 10 企业版 2015 长期服务版（LTSB）

Microsoft Windows Server 2008 R2 StdE SP1（仅 STEP 7 专业版）

Microsoft Windows Server 2012 R2 StdE

Microsoft Windows Server 2016 Standard

3.2.2　西门子 TIA 博途软件安装步骤

将安装盘插入光盘驱动器后，安装程序便会立即启动。如果通过硬盘上的软件安装包安装，则应注意不要在安装路径中使用或者包含任何使用 UNI-CODE 编码的字符（例如中文字符）。

3.2.2.1　安装要求

（1）PG/PC 的硬件和软件满足系统要求。

（2）具有计算机的管理员权限。

（3）关闭所有正在运行的程序。

3.2.2.2　安装步骤

以通过光盘安装为例：

（1）将安装盘插输入光盘驱动器或网络直接下载。安装程序将自动启动，如果安装程序没有自动启动，可双击"Start. exe"文件，手动启动。

（2）初始化完成后将打开选择安装语言的对话框，例如选择"简体中文（H）"，如图 3-1 所示，可以通过单击"读取安装注意事项"和"读取产品信息"按钮阅读相关信息，阅读后关闭帮助文件。

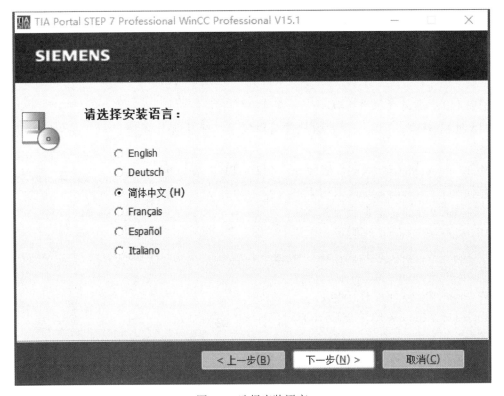

图 3-1　选择安装语言

（3）单击"下一步"按钮，将打开选择产品语言的对话框，如图 3-2 所示，选择产品用户界面使用的语言，例如"安装语言：中文（H）"，始终将"英语"作为基本产品语言安装，不能取消。

（4）然后单击"下一步"按钮，将打开选择产品组态的对话框，如图 3-3 所示，选择要安装的产品：

1）单击"最小"按钮，将以最小配置安装程序。

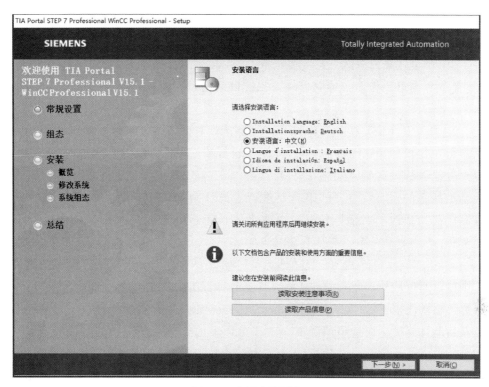

图 3-2 选择产品语言

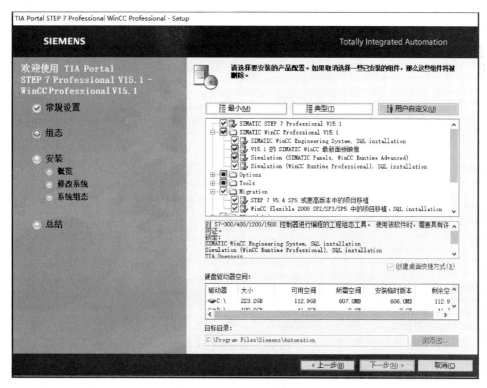

图 3-3 安装产品配置

2）单击"典型"按钮，将以典型配置安装程序。

3）单击"用户自定义"按钮，将自主选择需要安装的产品。

4）选中"创建桌面快捷方式"复选框，可以在桌面上创建快捷方式。

5）单击"浏览"按钮，可以更改安装的目标目录，安装路径的长度不能超过 89 个字符。

（5）单击"下一步"按钮，将打开许可证条款对话框，要继续安装，则需要阅读并接受所有许可协议。单击"下一步"按钮，打开安全控制对话框，要继续安装，则需要接受对安全和权限设置的更改。单击"下一步"按钮，下一对话框将显示安装设置概览，检查所选的安装设置。如果需要进行更改，则单击"上一步"按钮，直到到达想要在其中进行更改的对话框位置，更改之后，通过单击"下一步"按钮返回安装设置概览界面。

（6）单击"安装"按钮，安装随即启动，如果安装过程中未在计算机上找到许可证密钥，则可以通过从外部导入的方式将其传送到计算机中。如果跳过许可证密钥传送，则稍后可通过自动化授权管理器（Automation License Manager）进行传送。安装过程中可能需要重新启动计算机，在这种情况下，请选择"是，立即重启计算机"选项按钮，然后单击"重启"按钮，重启计算机后会继续安装软件，直至安装完成。

（7）安装完成后，单击"关闭"按钮。

3.2.3　西门子 TIA 博途软件卸载步骤

可以选择以下两种方式卸载 TIA 博途软件：

（1）通过控制面板卸载软件。

（2）使用安装软件包卸载软件。

以通过控制面板卸载所选组件为例：

（1）通过"开始→控制面板"打开"控制面板"，单击"程序和功能"，将打开"卸载或更改程序"对话框。

（2）选择要卸载的软件包，例如"Siemens Totally Integrated Automation Portal V14 SP1"，双击该软件包开始卸载软件。

（3）初始化完成后将打开选择卸载程序语言的对话框，如图 3-4 所示，选择卸载程序使用的语言，例如选择"安装语言：中文"。

（4）单击"下一步"按钮，将打开对话框，供用户选择要删除的产品，选择要删除产品的复选框。

单击"下一步"按钮，显示安装设置概览，检查要卸载的产品列表。如果要进行更改，单击"上一步"按钮，否则单击"卸载"按钮，开始卸载。

在卸载过程中可能需要重新启动计算机，在这种情况下，请选择"是，立即重启计算机"选项按钮，然后单击"重启"按钮。卸载完成后，单击"关闭"按钮。也可使用安装软件包卸载软件。启动安装程序后，开始卸载软件，步骤与通过控制面板卸载软件一致。通过安装软件包还可以"修改/升级"或者"修复"软件，如图 3-5 所示。

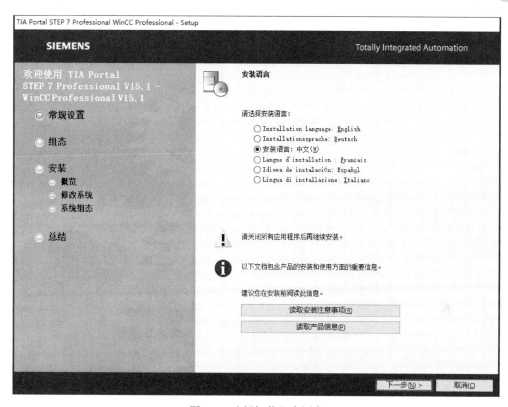

图 3-4　选择卸载程序语言

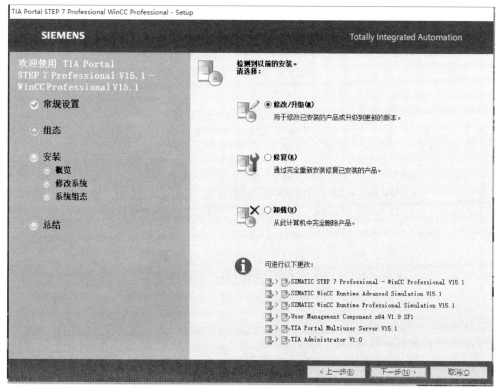

图 3-5　选择修改/升级、修复、卸载的产品

任务 3.3　西门子 TIA 博途软件界面介绍

博途视图提供了面向任务的工具视图，可以快速确定要执行的操作或任务。如有必要，该界面会针对所选任务自动切换为项目视图。双击 TIA 博途软件的快捷方式打开软件，首先看到博途视图界面，如图 3-6 所示。

图 3-6　博途视图界面

博途视图界面功能说明如下：

①任务选项：为各个任务区提供基本功能，在博途视图中提供的任务选项取决于所安装的软件产品。

②所选任务选项对应的操作：所选任务选项中可使用的操作，会根据所选的任务选项动态变化，可在每个任务选项中查看相关任务的帮助文件。

③操作选择面板：所有任务选项中都提供了选择面板，该面板的内容取决于当前的选择。

④切换到项目视图：使用"项目视图"链接切换到项目视图。

⑤当前打开的项目的显示区域：了解当前打开的是哪个项目。

进一步进入开发界面，项目视图是项目所有组件的结构化视图，如图 3-7 所示。

项目视图界面功能说明如下所述：

①标题栏：显示项目名称。

②菜单栏：菜单栏包含工作所需的全部命令。

③工具栏：工具栏提供了常用命令的按钮，可以更快地访问这些命令。

图 3-7　项目视图界面

④项目树：使用项目树功能可以访问所有组件和项目数据。

⑤参考项目：除了可以打开当前项目，还可以打开其他项目进行参考。

⑥详细视图：显示总览窗口或项目树中所选对象的特定内容，包含文本列表或变量。

⑦工作区：在工作区内显示编辑的对象。

⑧分隔线：分隔程序界面的各个组件，可使用分隔线上的箭头显示和隐藏用户界面的相邻部分。

⑨巡视窗口：有关所选对象或所执行操作的附加信息均显示在巡视窗口中。

⑩切换到 Portal 视图：使用"Portal 视图"链接切换到 Portal 视图。

⑪编辑器栏：将显示打开的编辑器，从而在已打开元素间进行快速切换，如果打开的编辑器数量非常多，则可对类型相同的编辑器进行分组显示。

⑫带有进度显示的状态栏：将显示当前正在后台运行的过程的进度条。

⑬任务卡：根据所编辑对象或所选对象，提供了用于执行附加操作的任务卡。

任务 3.4　西门子 TIA 博途软件使用介绍

3.4.1　建立项目

3.4.1.1　新建一个项目

执行菜单命令"项目"→"新建"，在出现的"创建新项目"对话框中（见图 3-7），可以修改项目的名称，或者使用系统指定的名称。单击"路径"输入框右边的".."按钮，可以修改保存项目的路径。单击"创建"按钮，开始生成项目。

3.4.1.2　添加新设备

双击项目树中的"添加新设备"，单击其中的"SIMATIC PLC"按钮或"SIMATICHMI"按钮，选中要添加的设备的订货号，然后单击"确定"按钮，可以添加一个 S7-1200 PLC 或精简系列面板设备。在项目树、硬件视图和网络视图中可以看到添加的设备。

3.4.1.3　设置 STEP7 Basic 的参数

在项目编辑器中执行菜单命令"选项"→"设置"，选中工作区左边窗口的"常规"，在工作区的右边窗口，将用户界面语言设置为"中文（中华人民共和国）"，助记符应选"国际"（英语助记符）、如在"启动设置"区，可以用复选框选择"启动时打开最近项目"，设置显示最近使用的项目列表中的项目个数。用复选框可以设置是否装载最近的窗口设置。在"起始视图"区，建议用单选框选中"项目视图"，即打开软件后显示项目视图。在"存储位置"区，可以选择最近使用的存储位置或默认的存储位置。选中后者时，可以用"浏览"按钮设置保存项目和库的路径。

3.4.2　建立组态

PLC 中"Configuring"一般被翻译为"组态"。设备组态的任务就是在设备和网络编辑器中生成一个与实际的硬件系统对应的虚拟系统，包括系统中的设备（PLC 和 HMI），PLC 各模块的型号、订货号和版本。模块的安装位置和设备之间的通信连接，都应与实际的硬件系统完全相同。此外还应设置模块的参数，即给参数赋值，或称为参数化。自动化系统启动时，CPU 比较组态时生成的虚拟系统和实际的硬件系统，如果两个系统不一致，将采取相应的措施。双击项目视图的项目树中的"设备和网络"，打开设备与网络编辑器。

打开项目树中建立的 PLC 文件夹，双击其中的"设备配置"，打开设备视图，可以看到 1 号插槽中的 CPU 模块。在硬件组态时，需要将 I/O 模块或通信模块放置到工作区的机架的插槽内，有两种放置硬件对象的方法。

3.4.2.1　用"拖放"的方法放置硬件对象

单击最右边竖条上的"硬件目录"，打开硬件目录窗口。选中文件夹"DIS-DI8×24VDC"中订货号为 6ES7 221-1BH30-0XB0 的 8 点 DI 模块，其背景变为深色。所有可以插入该模块的插槽四周出现深蓝色的方框，只能将该模块插入这些插槽。用鼠标左键按住该模块不放，移动鼠标，将选中的模块"拖"到机架中 CPU 右边的 2 号插槽，该模块浅色的图标和订货号随着光标一起移动。没有移动到允许放置该模块的工作区时，光标的形状为禁止符号，无法放置。反之光标的形状变为箭头为允许放置。此时松开鼠标左键，被拖动的模块被放置到工作区。用上述的方法将 CPU 或 HMI 拖放到网络视图，可以生成新的设备。

3.4.2.2　用双击的方法放置硬件对象

放置模块还有另一个简便的方法，首先用鼠标左键单击机架中需要放置模块的插槽，使它的四周出现深蓝色的边框。用鼠标左键双击硬件目录中要放置的模块，该模块便出现在选中的插槽中。

放置通信模块和信号板的方法与放置信号模块的方法相同，信号板安装在 CPU 模块内，通信模块安装在 CPU 左侧的 101～103 号槽。可以将信号模块插入已经组态的两个模块中间。插入点右边的模块将向右移动一个插槽的位置，新的模块被插入空出来的插槽。

3.4.2.3　硬件目录中的过滤器

如果激活了硬件目录的过滤器功能（选中"硬件目录"窗口上面的"过滤"复选框），硬件目录只显示与工作区有关的硬件。例如用设备视图打开 PLC 的组态画面时，如果选中了过滤器，则硬件目录窗口不显示 HMI，只显示 PLC 的模块。

3.4.2.4　删除硬件组件

可以删除设备视图或网络视图中的硬件组件，被删除的组件的地址可供其他组件使用。不能单独删除 CPU 和机架，只能在网络视图或项目树中删除整个 PLC 站。删除硬件组件后，可能在项目中产生矛盾，即违反插槽规则。选中指令树中的"PLC-1"，单击工具栏上的按钮，对硬件组态进行编译。编译时进行一致性检查，如果有错误将会显示错误信息，应改正错误后重新进行编译。

3.4.2.5　复制与粘贴硬件组件

可以在项目树、网络视图或硬件视图中复制硬件组件，然后将保存在剪贴板上的组件粘贴到其他地方。可以在网络视图中复制和粘贴站点，在硬件视图中复制和粘贴模块。可以用拖放的方法或通过剪贴板在硬件设备视图或网络视图中移动硬件组件，但是不能移动 CPU，因为它必须在 1 号槽。

3.4.2.6　改变设备的型号

用鼠标右键单击设备视图中要更改型号的 CPU，执行出现的快捷菜单中的"更改设备类型"命令，选中出现的对话框的"新设备"列表中用来替换的设备的订货号，单击"确定"按钮，设备型号被更改。

3.4.2.7　打开已有的项目

双击桌面上的图标，打开 STEP7 Basic 的项目视图。单击工具栏上的按钮，双击打开的对话框中列出的最近打开的某个项目，打开该项目。或者单击"浏览"按钮，在打开的对话框中找到某个项目的文件夹，双击其中标有标识的文件，打开该项目。

■ 思政小课堂

回顾过去中国的历史，中国共产党团结带领中国人民进行了前无古人、艰苦卓绝的伟大革命和建设事业，把积贫积弱、苦难深重的旧中国改造成为欣欣向荣、日益强大的社会主义新中国，使中华民族走上了伟大复兴的康庄大道。中国的奋斗史离不开中国人民的锲而不舍。

中国古代哲学家荀子说过："锲而舍之，朽木不折。锲而不舍，金石可镂。"意思是说人生一定要有追求，更要有毅力、有恒心，只有坚持不懈，持之以恒，才能获得成功。一个锲而不舍的人，必将视工作为事业，视责任为使命，为之敬业奉献，视技艺为财富，为之刻苦钻研。

高凤林是中国航天科技集团公司第一研究院的一名焊工，也是一个默默无闻的幕后工作者。他所承担的焊接工作，是一项耗费体力和精力的苦差事，更是多数人眼中的"低等职业"。可高凤林就是在这样一个被人低看的普通工种上，一干就是几十年，并最终坚持到了实现了自己的人生价值的那一刻。同时也把自己的专业业务水平，提高到了一个令人望尘莫及的高度。

高凤林曾经说："每个人都是英雄，只是岗位不同，作用不同，仅此而已。只要心中装着国家，懂得坚持，任何岗位都能收获无上的荣耀。"的确，职业无高低贵贱之分，只要肯钻研，是金子总会发光，无论在哪里都可以发出万丈光芒。高凤林用坚持的精神，融入精力、汗水和时间，最终成就了自己"金手天焊"的荣耀。

习　题

3-1　简述 TIA 博途软件包含几部分。

3-2　简述硬件组态有什么任务。

项目 4　S7-1200/1500 PLC 基本指令

任务 4.1　数据类型介绍

在 PLC 的存储器中，最小的存储单元是存放一个只有"0"和"1"两种状态的布尔量数据。在程序运行时，程序需要读、写变量，而变量的值是存储在存储器中的。为了方便，对这些数据定义一套地址规范：一个只有"0"和"1"两个状态的数据称为 1 位（Bit）（1 位二进制数），每 8 位称为 1 字节（Byte），每两字节称为 1 个字（Word），每两个字称为 1 双字（Doubleword）；在各个存储器中（如 M、I、Q、L 等），从 0 开始计数，即从第 0 字节开始，以字节为单位排序，在每字节中对这 8 位再依次排序，即第 0~7 位；当程序读写一个变量时，只要该变量对应存储器的地址，指出第几字节、第几位，就能找到存储器中这个位置上的数据了。这种寻找存储器某个特定位置的行为称为寻址。

程序如图 4-1 所示。程序中的 M3.0 和 Q3.7 既表示该变量也表示该变量的地址（程序中支持直接写存储器地址来表示该位置上的变量，这个地址称为变量绝对地址）。M3.0 表示在 M 存储器中第 3 字节中的第 0 位，Q3.7 表示输出映像存储器中第 3 字节的第 7 位。所以程序的意思是：仅当 M 存储器中第 3 字节中的第 0 位为 1 时，输出映像存储器中第 3 字节的第 7 位也为 1。

图 4-1　布尔量应用示例程序

所举的程序例子都仅使用了布尔量（在存储器中只占一位的变量）。早期的 PLC 只能处理布尔量，但随着 PLC 技术的发展，其功能越来越强大，所控制处理的信息也越来越多，PLC 也需要处理整数和实数（浮点数）等更多类型的数据，需要定义更多类型的变量。所谓"变量类型"就是用于规定一个变量在存储器中占用的空间以及该空间内数据的编码规则，这样的规则用于完成相应数据的存放和配合相应类型指令的读取与运算。

例如，在编程软件中定义一个布尔型变量，那么在存储器中会有一位用于存放这个变量的值。所有"位操作"的指令都可以使用该变量作为操作数，而整型指令则无法使用该变量。因为把一位作为整数运算是没有意义的。长整型和实型的变量都是占用一个"双字"空间，但其内部数据的编码规则不同。同样的双字空间内，存放相同的"001101…"这样 32 位数据，若这个控件被定义为整形，可以解码出一个整数量，仅可以被所有整形指令使用。若这个空间被定义为了实型，则会解码出一个（之前的整数量完全不一样）实数（也有可能无法解出任何数）。这个变量仅可以被所有实型指令使用。当然，在很底层的语句表（STL）语言中，由于两种变量类型均为双字，所以按长整型的编码规则写入的数据，也可以被实型指令使用（程序不会报错）。那是由于语言太过底层，系统无法找出这个错误，但是这样的程序是毫无意义的。

在西门子 PLC 中可以定义 INT（整型）、DINT（长整型）、REAL（实型，即浮点型）变量类型。将一个变量定义为 INT（整型），则意味着给该变量规划出 2 字节的空间，其变量值按整型的编码规则存放在该空间中。DINT（长整型）和 REAL（实型）也类似，即表示为变量规划了 4 字节的空间也规定了其中的编码规则。

同时在西门子 PLC 中也可以定义 BYTE（字节）、WORD（字）、DWORD（双字）这样的变量类型。将一个变量定义为 BYTE（字节），则意味着给该变量规划出 1 字节的空间，但并未指明其中的编码规则，WORD（字）和 DWORD（双字）也是类似，仅规划出空间而未指明编码规则。

不同类型的变量要与相应的指令配合使用。变量的类型和所使用的指令相匹配，就不会出现程序上的错误。当然，如果变量类型在程序中用错的话，TIA 博途软件可以自动转换或提示错误（在 TIA 博途软件中可以开启 IEC 检查，会对程序中的变量类型进行更严格的检查）。

任务 4.2 位操作指令介绍

位逻辑指令使用 1 和 0 两个数字，将 1 和 0 两个数字称作二进制数字或位。在触点和线圈中，1 表示激活状态，0 表示未激活状态。位逻辑指令是 PLC 中最基本的指令，见表4-1。

表 4-1 常用的位逻辑指令

图形符号	功　能	图形符号	功　能
—┤├—	常开触点（地址）	—(S)—	置位线圈
—┤/├—	常闭触点（地址）	—(R)—	复位线圈
—( )—	输出线圈	—(SET_BF)—	置位域
—(/)—	反向输出线圈	—(RESET_BF)—	复位域
—┤ NOT ├—	取反	—┤P├—	P 触点，上升沿检测
RS 置位优先型 RS 触发器		—┤N├—	N 触点，下降沿检测
		—(P)—	P 线圈，上升沿
		—(N)—	N 线圈，下降沿
SR 置位优先型 SR 触发器		P_TRIG CLK Q	P _ TRIG，上升沿
		N_TRIG CLK Q	N _ TRIG，下降沿

4.2.1   基本逻辑指令

常开触点对应的存储器地址位为 1 状态时，该触点闭合。常闭触点对应的存储器地址位为 0 状态时，该触点闭合。触点符号中间的 "/" 表示常闭，触点指令中变量的数据类型为 BOOL 型。输出指令与线圈相对应，驱动线圈的触点电路接通时，线圈流过 "能流"，指定位对应的映像寄存器为 1，反之则为 0。输出线圈指令可以放在梯形图的任意位置，变量为 BOOL 型。常开触点、常闭触点和输出线圈的例子如图 4-2 所示，其中 I0.0 和 I0.1 是与的关系，当 I0.0 = 1，I0.1 = 0 时，输出 Q4.0 = 1，Q4.1 = 0；当 I0.0 = 1 和 I0.1 = 0 的条件不同时满足时，Q4.0 = 0，Q4.1 = 1。

图 4-2   触点和输出指令

取反指令的应用如图 4-3 所示，其中 I0.0 和 I0.1 是或的关系，当 I0.0 = 0，I0.1 = 0. 时，取反指令后的 Q4.0 = 1。

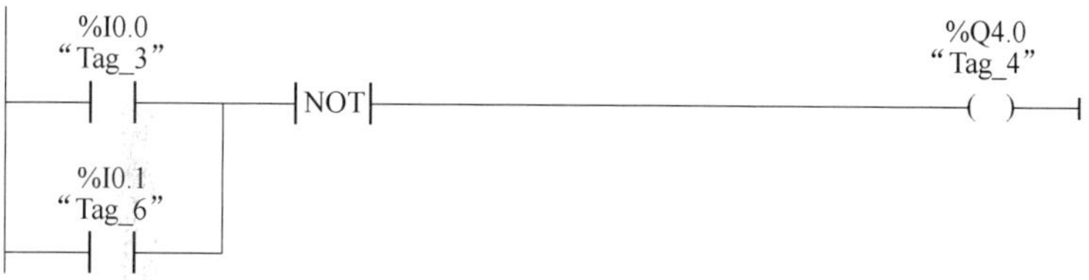

图 4-3   取反指令

4.2.2   置位/复位指令

对于置位指令，如果 RL0 = "1"，则指定的地址被设定为状态 "1"，而且一直保持到它被另一个指令复位为止。对于复位指令，如果 RL0 = "1"，则指定的地址被复位为状态 "0"，而且一直保持到它被另一个指令置位为止。在图 4-4 中，当 I0.0 = 1，I0.1 = 0 时，Q4.0 被置位，此时即使 I0.0 和 I0.1 不再满足上述关系，Q4.0 仍然保持为 1，直到 Q4.0 对应的复位条件满足，即当 I0.2 = 1，I0.3 = 1 时，Q4.0 被复位为零。

图 4-4   置位/复位指令

置位域指令 SET _ BF 激活时，从地址 OUT 处开始的 "n" 位分配数据值 1，SET _ BF

不激活时，OUT 不变。复位域指令 RESET _ BF 为从地址 OUT 处开始的 "n" 位写入数据值 0，RESET _ BF 不激活时，OUT 不变。置位域和复位域指令必须在程序段的最右端。在图 4-5 中，当 I0.0 = 1，I0.1 = 0 时，Q4.0 ~ Q4.3 被置位，此时即使 I0.0 和 I0.1 不再满足上述关系，Q4.0 ~ Q4.3 仍然保持为 1。当 I0.2 = 1，I0.3 = 1 时，Q4.0 ~ Q4.7 被复位为零。

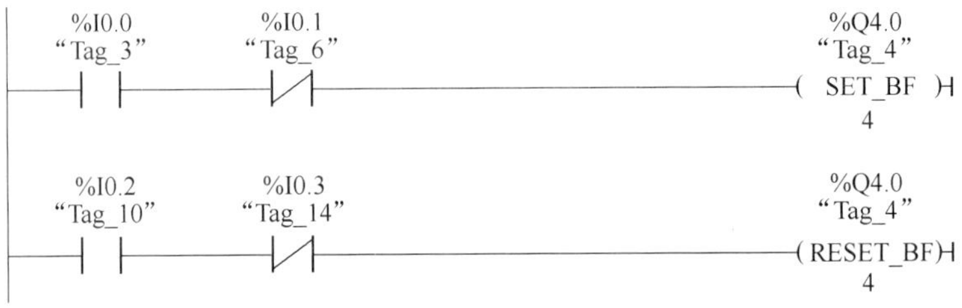

图 4-5 置位域/复位域指令

触发器的置位/复位指令如图 4-6 所示。可以看出，触发器有置位输入和复位输入两个输入端，分别用于根据输入端的 RLO = 1，对存储器位置位或复位。当 I0.0 = 1 时，Q4.0 被复位，Q4.1 被置位；当 I0.1 = 1 时，Q4.0 被置位，Q4.1 被复位。若 I0.0 和 I0.1 同时为 1，则哪一个输入端在下面哪个起作用，即触发器的置位/复位指令分为置位优先和复位优先两种。

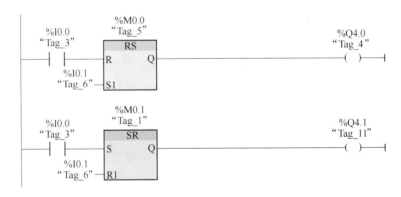

图 4-6 触发器的置位/复位指令

触发器指令上的 M0.0 和 M0.1 称为标志位，R、S 输入端首先对标志位进行复位和置位，然后再将标志位的状态送到输出端。如果用置位指令把输出置位，则当 CPU 全启动时输出被复位。在图 4-6 所示的例子中，若将 M0.0 声明为保持，则当 CPU 全启动时，它就一直保持置位状态，被启动复位的 Q4.0 会再次赋值为 "1"。后面介绍的诸多指令通常也带有标志位，其含义类似。

抢答器有 I0.0、I0.1 和 I0.2 三个输入，对应输出分别为 Q4.0、Q4.1 和 Q4.2，复位输入是 I0.4。要求：三人任意抢答，谁先按动瞬时按钮，谁的指示灯优先亮，且只能亮一盏灯，进行下一问题时主持人按复位按钮，抢答重新开始。编写程序如图 4-7 所示，要注意的是，SR 指令的标志位地址不能重复，否则出错。

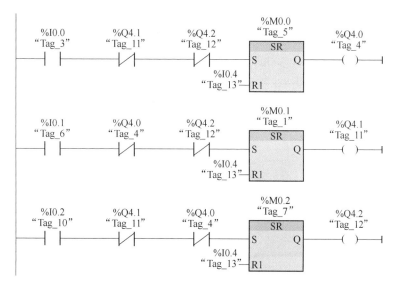

图 4-7　抢答器程序

4.2.3　边沿指令

4.2.3.1　触点边沿

触点边沿检测指令包括 P 触点和 N 触点指令，是当触点地址位的值从"0"到"1"（上升沿或正边沿，Positive）或从"1"到"0"（下降沿或负边沿，Negative）变化时，该触点地址保持一个扫描周期的高电平，即对应常开触点接通一个扫描周期。触点边沿指令可以放置在程序段中除分支结尾外的任何位置。在图 4-8 中，当 I0.0、I0.2 为 1，且当 I0.1 有从 0 到 1 的上升沿时，Q0.0 接通一个扫描周期。

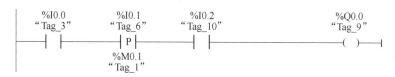

图 4-8　P 触点指令

4.2.3.2　线圈边沿

线圈边沿包括 P 线圈和 N 线圈，当进入线圈的能流中检测到上升沿或下降沿变化时，线圈对应的位地址接通一个扫描周期。线圈边沿指令可以放置在程序段中的任何位置。在图 4-9 中，线圈输入端的信号状态从"0"切换到"1"时，Q0.0 接通一个扫描周期。

4.2.3.3　TRIG 边沿

TRIG 边沿指令包括 P_TRIG 和 N_TRIG 指令，当在"CLK"输入端检测到上升沿或下降沿时，输出端接通一个扫描周期。在图 4-10 中，当 I0.0 和 I0.1 相与的结果有一个上升沿时，Q0.0 接通一个扫描周期，I0.0 和 I0.1 相与的结果保存在 M0.0 中。

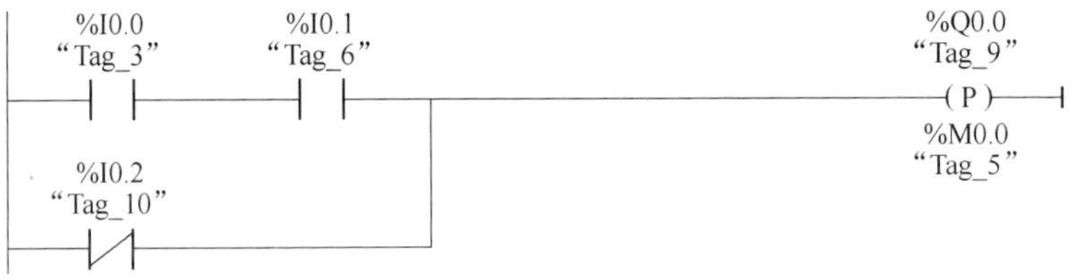

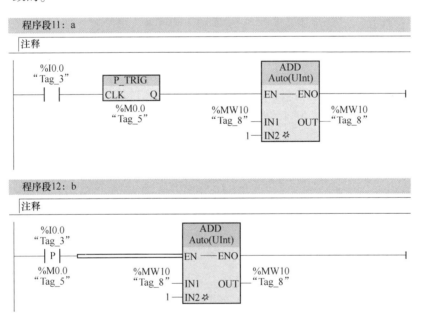

图 4-9　P 线圈指令

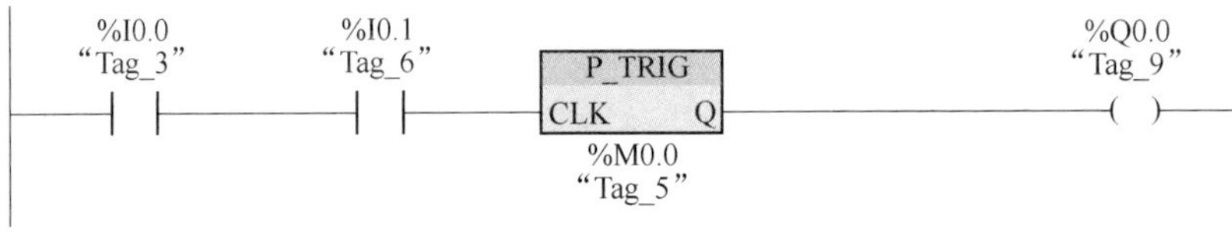

图 4-10　P _ TRIG 指令

由图 4-10 可以看出，边沿检测常用于只扫描一次的情况。如图 4-11 所示，程序表示按下瞬时按钮 I0.0，MW10 加 1，此时必须使用边沿检测指令。注意：图 4-11 中 a 和 b 程序功能是一致的。

图 4-11　边沿检测指令

按动一次瞬时按钮 I0.0，输出 Q4.0 亮，再按动一次按钮，输出 Q4.0 灭，重复以上过程。编写程序如图 4-12 所示。

若故障信号 I0.0 为 1，使 Q4.0 控制的指示灯以 1Hz 的频率闪烁。操作人员按复位按钮 I0.1 后，如果故障已经消失，则指示灯熄灭，如果没有消失，则指示灯转为常亮，直至故障消失。编写程序如图 4-13 所示，其中 M1.5 为 CPU 时钟存储器 MB1 的第 5 位，其时钟频率为 1Hz。

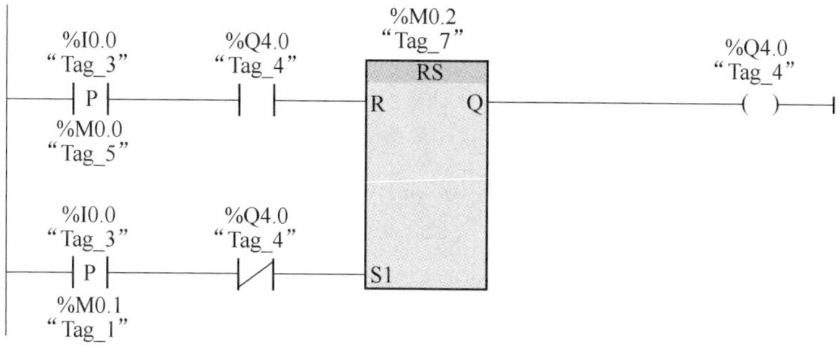

图 4-12　程序 1

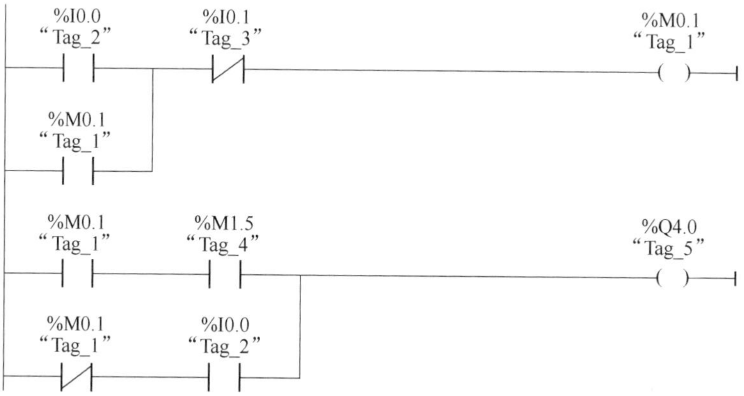

图 4-13　程序 2

任务 4.3　定时器指令介绍

定时器相当于继电器系统中的时间继电器，可在程序中用于延时控制，定时器累计 PLC 内 1ms、10ms、100ms 等的时钟脉冲，当达到所定的设定值时，输出触点动作。定时器指令说明使用定时器指令可创建编程的时间延时。用户程序中可以使用的定时器数仅受 CPU 存储器容量限制。每个定时器均使用 16 字节的 IEC_Timer 数据类型的 DB 结构来存储功能框或线圈指令顶部指定的定时器数据。STEP7 会在插入指令时自动创建该 DB。西门子 S7-1200/1500 有四种定时器，分别为脉冲定时器（TP）、接通延时定时器（TON）、断开延时定时器（TOF）、保持型接通延时定时器（TONR）。

使用西门子 S7-1200/1500 的定时器时需要注意的是，每个定时器都使用一个存储在数据块中的结构来保存定时器数据，即系统数据类型。在程序编辑器中放置定时器指令时即可分配该数据块，可以采用默认设置，也可以手动自行设置。在功能块中放置定时器指令后，可以选择多重背景数据块选项，各数据结构的定时器结构名称可以不同。

4.3.1　接通延迟定时器

接通延迟定时器如图 4-14（a）所示，图 4-14（b）为其时序图。图 4-14（a）中，"%DB1"表示定时器的背景数据块（此处只显示了绝对地址，因此背景数据块地址显示为"%DB1"，也可设置显示符号地址），TON 表示为接通延迟定时器，由图 4-14（b）可得到其工作原理如下。

启动：当定时器的输入端"IN"由"0"变为"1"时，定时器启动，进行由 0 开始的定时，到达预设值后，定时器停止计时且保持为预设值。只要输入端 IN＝1，定时器就一直起作用。

预设值：在输入端"PT"输入格式如"T#5s"的定时时间，表示定时时间为 5s。TIME 数据使用 T#标识符，可以采用简单时间单元"T#200ms"或复合时间单元"T#2s_200ms"的形式输入。

定时器的当前计时时间值可以在输出端"ET"输出。预设值时间 PT 和计时时间 ET 以表示毫秒时间的有符号双精度整数形式存储在存储器中。定时器的当前值不为负，若设置预设值为负，则定时器指令执行时将被设置为 0。

输出：当定时器定时时间到，没有错误且输入端 S＝1 时，输出端"Q"置位变为"1"。如果在定时时间到达前输入端"S"从"1"变为"0"，则定时器停止运行，当前计时值为 0，此时输出端 Q＝0。若输入端"S"又从"0"变为"1"，则定时器重新由 0 开始加定时。

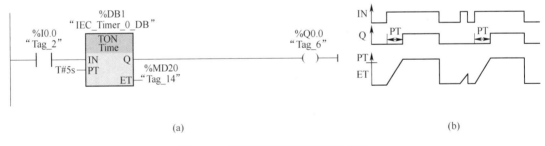

(a)　　　　　　　　　　　　　　　　　(b)

图 4-14　接通延迟定时器及其时序图

(a) 接通延时定时器；(b) 时序图

4.3.2　保持型接通延迟定时器

保持型接通延迟定时器如图 4-15（a）所示，图 4-15（b）为其时序图。图 4-15（a）中，"%DB1"表示定时器的背景数据块，TONR 表示为保持型接通延迟定时器，由图 4-15（b）可得到其工作原理如下。

启动：当定时器的输入端"IN"从"0"变为"1"时，定时器启动，开始加定时，当"IN"端变为 0 时，定时器停止工作保持当前计时值。当定时器的输入端"IN"又从"0"变为"1"时，定时器继续计时，当前值继续增加。如此重复，直到定时器当前值达到预设值时，定时器停止计时。

复位：当复位输入端"R"为"1"时，无论"IN"端如何，都清除定时器中的当前定时值，而且输出端 Q 复位。

　　输出：当定时器计时时间到达预设值时，输出端"Q"变为"1"。保持型接通延迟定时器用于累计定时时间的场合，如记录一台设备（制动器、开关等）运行的时间。当设备运行时，输入 I0.0 为高电平，当设备不工作时 I0.0 为低电平。I0.0 为高时，开始测量时间，I0.0 为低时，中断时间的测量，而当 I0.0 重新为高时继续测量，可知本项目需要使用保持型接通延迟定时器。累计的时间以毫秒为单位存储在 MD24 中，此处的定时时间不需要，故设为较大的数值 2000 天。

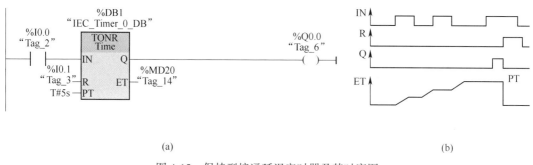

(a)　　　　　　　　　　　　　　　　　　　(b)

图 4-15　保持型接通延迟定时器及其时序图

（a）保持型接通延迟定时器；（b）时序图

4.3.3　关断延迟定时器

　　关断延迟定时器如图 4-16（a）所示，图 4-16（b）为其时序图。图 4-16（a）中，"%DB2"表示定时器的背景数据块，TOF 表示为关断延迟定时器，由图 4-16（b）可得到其工作原理如下。

　　启动：当定时器的输入端"IN"从"0"变为"1"时，定时器尚未开始定时且当前定时值清零。当"IN"端由"1"变为"0"时，定时器启动，开始定时。当定时时间到达预设值时，定时器停止计时保持当前值。

　　输出：当输入端"IN"从"0"变为"1"时，输出端 Q = 1，如果输入端又变为"0"，则输出端 Q 继续保持"1"，直到到达预设值时间。

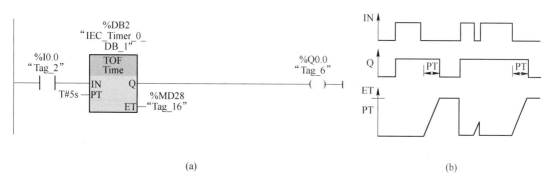

(a)　　　　　　　　　　　　　　　　　　　(b)

图 4-16　关断延迟定时器及其时序图

（a）关断延时定时器；（b）时序图

4.3.4 脉冲定时器

脉冲定时器如图 4-17（a）所示，图 4-17（b）为其时序图。图 4-17（a）中，"% DB3"表示定时器的背景数据块，TP 表示为脉冲定时器，由图 4-17（b）可得到其工作原理如下。

启动：当输入端"IN"从"0"变为"1"时，定时器启动，此时输出端"Q"设置为"1"。在脉冲定时器定时过程中，即使输入端"IN"发生了变化，定时器也不受影响，直到到达预设值时间。到达预设值后，如果输入端"IN"为"1"，则定时器停止定时且保持当前定时值。若输入端"IN"为"0"，则定时器定时时间清零。

输出：在定时器定时时间过程中，输出端"Q"为"1"，定时器停止定时，不论是保持当前值还是清零当前值其输出皆为0。

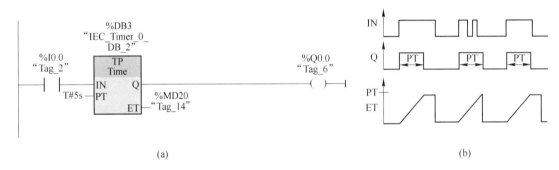

(a)   (b)

图 4-17   脉冲定时器及其时序图
(a) 脉冲定时器；(b) 时序图

4.3.5 复位定时器

S7-1200 有专门的定时器复位指令 RT，如图 4-18 所示，"%DB2"为定时器的背景数据块，其功能为通过清除存储在指定定时器背景数据块中的时间数据来重置定时器。

图 4-18   复位定时器指令

任务 4.4   计数器指令介绍

计数器是对机器的元件的信号计数，STEP 7 中的计数器有加计数器 CTU、减计数器 CTD 和加减计数器 CTUD 三类。与定时器类似，使用 S7-1200 的计数器需要注意的是，每个定时器都使用一个存储在数据块中的结构来保存计数器数据，即 4.1 节所述系统数据类型。在程序编辑器中放置计数器指令时即可分配该数据块，可以采用默认设置，也可以手动自行设置。

使用计时器需要设置计数器的计数数据类型，计数值的数值范围取决于所选的数据类型。如果计数值是无符号整型数，则可以减计数到零或加计数到范围限值。如果计数值是有符号整数，则可以减计数到负整数限值或加计数到正整数限值。支持的数据类型包括SInt、Int、DInt、USInt、UInt、UDInt 等。

4.4.1 加计数器

加计数器如图4-19（a）所示，图4-19（b）为其时序图。图4-19（a）中，"%DB4"表示计数器的背景数据块，CTU 表示为加计数器，图中，计数值数据类型是无符号整数，预设值PV = 3。由图4-19（b）可得到其工作原理如下。

输入参数 CU（Count Up）的值从 0 变为 1（上升沿）时，加计数器的当前计数值 CV加1。如果参数 CV（当前计数值）的值大于或等于参数 PV（预设计数值）的值，则计数器输出参数 Q = 1。如果复位参数 R 的值从 0 变为 1，则当前计数值复位为 0，输出 Q 也为 0。

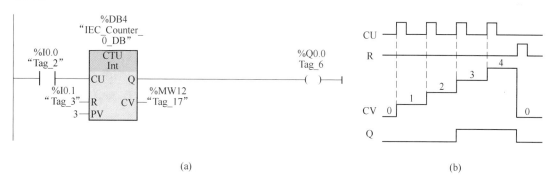

(a)   (b)

图4-19　加计数器及其时序图

（a）加计数器；（b）时序图

打开计数器的背景数据块，可以看到其结构含义见表4-2，其他计数器的背景数据块也是类似，不再赘述。

表4-2　计数器的背景数据块结构

IEC _ Counter _ 0			
名称	数据类型	初始值	注释
COUNT _ UP	Bool	FALSE	加计数输入
COUNT _ DOWH	Bool	FALSE	减计数输入
RESET	Bool	FALSE	复位
LOAD	Bool	FALSE	装载输入
PRESET _ VALUE	Uint	FALSE	预计计数值
COUNT _ VALUE	Uint	FALSE	当前计数值

4.4.2　减计数器

减计数器如图 4-20（a）所示，图 4-20（b）为其时序图。图 4-20（a）中，"%DB5"表示计数器的背景数据块，CTD 表示为减计数器，图中，计数值数据类型是无符号整数，预设值 PV＝3。由图 4-20（b）可得到其工作原理如下。

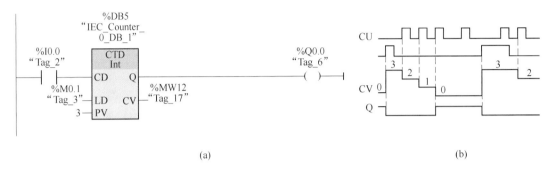

（a）　　　　　　　　　　　　　　　　　（b）

图 4-20　减计数器及时序图

（a）减计数器；（b）时序图

输入参数 CD（Count Down）的值从 0 变为 1（上升沿）时，减计数器的当前计数值 CV 减 1。如果参数 CV（当前计数值）的值等于或小于 0，则计数器输出参数 Q＝1。如果参数 LOAD 的值从 0 变为 1（上升沿），则参数 PV（预设值）的值将作为新的 CV（当前计数值）装载到计数器。

4.4.3　加减计数器

加减计数器如图 4-21（a）所示，图 4-21（b）为其时序图。在图 4-21（a）中，"%DB6"表示计数器的背景数据块，CTUD 表示为加减计数器，图中，计数值数据类型是无符号整数，预设值 PV＝4。由图 4-21（b）可得到其工作原理如下。

加计数 CU 或减计数输入 CD 的值从 0 跳变为 1 时，CTUD 会使当前计数值加 1 或减 1。如果参数 CV（当前计数值）的值大于或等于参数 PV（预设值）的值，则计数器输出

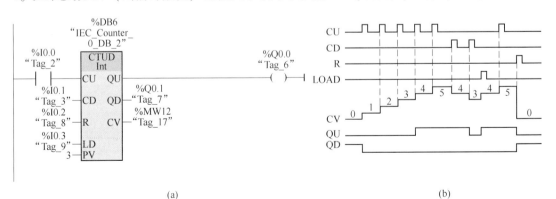

（a）　　　　　　　　　　　　　　　　　（b）

图 4-21　加减计数器及其时序图

（a）加减计数器；（b）时序图

参数 QU = 1。如果参数 CV 的值小于或等于零，则计数器输出参数 QD = 1。如果参数 LOAD 的值从 0 变为 1，则参数 PV（预设值）的值将作为新的 CV（当前计数值）装载到计数器。如果复位参数 R 的值从 0 变为 1，则当前计数值复位为 0。

需要注意的是，S7-1200 PLC 的计数器指令使用的是软件计数器，软件计数器的最大计数速率受其所在的 OB 的执行速率限制。计数器指令所在的 OB 的执行频率必须足够高，才能检测 CU 或 CD 输入端的所有信号，若需要更高频率的计数操作，需要使用高速计数 CTRL _ HSC 指令。

★ 思政小课堂

工人阶级是我国的领导阶级，是先进生产力和生产关系的代表，是坚持和发展中国特色社会主义的主力军。在全国劳动模范和先进工作者表彰大会上，习近平总书记指出，"在长期实践中，我们培育形成了爱岗敬业、争创一流、艰苦奋斗、勇于创新、淡泊名利、甘于奉献的劳模精神，崇尚劳动、热爱劳动、辛勤劳动、诚实劳动的劳动精神，执着专注、精益求精、一丝不苟、追求卓越的工匠精神"，强调大力弘扬劳模精神、劳动精神、工匠精神。

艺无止境，意思即一门学问，一种技艺，应当不断提高，精益求精，不会有精熟到头的时候。生产实践就是工匠的课堂，杰出的工匠总是努力钻研，提高技艺，给予自己更高的目标和更为强劲的动力，在艺海的波涛中劈波斩浪，扬帆远行。

2011 年，谭亮从电气自动化技术专业毕业，来到广东一家公司工作。初到单位，好学的谭亮跟着师傅虚心学习，他"白手起家"，深知自当刻苦努力。工作中，他一边研究设备，一边细心观察师傅的操作，不懂就问，绝不滥竽充数。有一次下班后，公司一厂涂布机突发烘箱温度不稳定状况，故障涂布机有近 30 个发热管和温控表工作异常。谭亮听闻，顾不上吃饭，赶紧返回岗位，逐个检查发热管，查看各温控表参数，一直忙到凌晨 3 点才把问题全部解决。十年来，他坚守一线，勤学苦练电气设备故障处理技术，从一名普通大专生淬炼成为公司的电气"金牌大夫"。

为解决生产线产能不足问题，谭亮主动研发半自动注液机、半自动封装机、半自动测短路机，独立设计电气图纸，安装电气线路，调试机械动作，编写 PLC 程序，开发人机界面。经过生产和工艺人员验证，设备达到了设计要求，生产产品符合工艺、品质要求，大大减轻了公司产能不足的压力。谭亮没有停下脚步，他继续钻研，不断解决技术难题，公司二厂装配车间的焊接机、包装机、注液机，制片车间的分条机，都在优化测试和系统改造下提升了效率，这些举措给公司创造了丰厚的效益。在追求梦想的路上，谭亮永不停歇，越战越勇，艺无止境，终成传奇。

习　题

4-1　数字量输入模块某一外部输入电路接通时，对应的过程映像输入位为_____，梯形图中对应的常开触点_____，常闭触点_____。

4-2　简述定时器的分类。

4-3　简述计数器的分类。

项目 5　S7-1200/1500 PLC 虚拟仿真编程

博途自带的 WinCC 作为一个人机交互（Human Machine Interface，HMI）软件系统，可用作监视、控制和采集，结合仿真软件 PLCSIM，能实现对实物绝大多数功能的仿真调试，从而验证程序功能的正确性。PLCSIM 的存在使得在没有 PLC 硬件时可以进行程序的调试，降低了学习门槛，让更多人进入工控领域。

任务 5.1　S7-1200/1500 PLC 虚拟仿真编程

5.1.1　开发软件介绍

5.1.1.1　WinCC

可视化已成为自动化系统的标准配置，西门子的人机交互产品包括各种面板和 WinCC 软件两大部分。

面板的种类很多，按功能大致可分为微型面板、移动面板、按键面板、触摸面板和多功能面板等几类：微型面板主要针对小型 PLC 设计，操作简单，品种丰富；移动面板可以在不同地点灵活应用；触摸面板和操作员面板是人机界面的主导产品，坚固可靠，结构紧凑，品种丰富；多功能面板属于高端产品，开放性和扩展性最高。

WinCC 是由西门子公司开发的一款复杂的数据采集与监控系统，功能非常强大，它使用 32 位技术，具有良好的开放性和灵活性。主要功能如下所述：

（1）画面功能。监视底层设备数据、工艺流程等。

（2）消息系统。将现场的一些相关的报警、消息、故障显示在画面中，并可以对必要的信息进行存储，方便日后查看、追踪。数据存储于 SQL Server 数据库中。

（3）归档系统。保存、管理历史数据，方便日后追述，查询。数据存储于 SQL Server 数据库中。

（4）报表系统。可对组态数据、运行数据、历史数据及外部数据生成报表。

（5）脚本系统。支持 VB 脚本和 C 脚本，利用高级语言，自己开发一些专用的功能。

（6）过程通信。和 PLC 等底层设备进行通信。

（7）标准接口。提供第三方设备的交互接口，允许第三方设备进行数据读写。

（8）编程接口。提供编程接口，方便用户进行功能扩展。

（9）用户管理。自由组态用户组和管理权限，只有授权的用户才能进行指定的操作。

组态入门介绍如下所述。

A　组态变量

在项目中使用变量来传送数据。WinCC 使用两种类型的变量：过程变量和内部变量。过程变量是由控制器提供过程值的变量，也称为外部变量。不连接到控制器的变量称为内部变量。内部变量存储在 HMI 设备的内存中，只有这台 HMI 设备能够对内部变量进行读写访问。内部变量支持的数据类型见表 5-1。

表 5-1　内部变量的数据类型

数据类型	数 据 格 式
SByte	有符号 8 位数
Ubyte	无符号 8 位数
Short	有符号 16 位数
Ushort	无符号 16 位数
Long	有符号 32 位数
Ulong	无符号 32 位数
Float	32 位 IEEE754 浮点数
Double	64 位 IEEE754 浮点数
Bool	二进制变量
Wstring	文本变量，16 位字符集

外部变量是 PLC 中所定义的存储单元的映像。无论是 HMI 设备还是 PLC，都可对该存储位置进行读写访问。由于外部变量是在 PLC 中定义的存储位置的映像，因而它能采用的数据类型取决于与 HMI 设备相连的 PLC。对于过程变量，需要先创建连接。在项目视图中，打开图 5-1 所示的网络配置图。

单击选中 S7-1200 PLC 的以太网接口，并将其拖动到 HMI 的以太网口，系统将显示一条名为 "HMI 连接_1" 表示连接关系的绿色线，这样就建立了 HMI 到 PLC 的连接。双击项目树 HMI 设备下的 "连接" 项打开连接对话框，可以查看存在的连接。

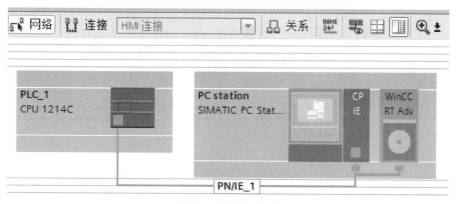

图 5-1　网络配置图

需要注意的是，一个 KTP 面板最多能连接 4 个 S7-1200 PLC，一个 S7-1200 PLC 最多能连接 3 个 KTP 面板，否则在 STEP 7 Basic V10. 5 软件中不能建立 HMI 与 PLC 的通信连接。在项目树中双击 HMI 设备下的 "HMI 变量"，打开 HMI 变量编辑器，双击 "名称" 列下的 "添加新对象" 来添加一个新的变量，可以修改变量名称，在 "连接" 列设置变量为内部变量还是过程变量。过程变量要选择相应的连接，并且还要在"PLC 变量"列指定该 HMI 变量对应的 PLC 变量，如图 5-2 所示，在"数据类型"列选择合适的数据类型。其他设置保持默认，这样，一个变量就创建完成了。

图 5-2　PLC HMI 变量

可以创建数组变量以组态具有相同数据类型的大量变量，数组元素保存到连续的地址空间中。需要在所连接 PLC 的数据块中创建数组变量，再将数组变量连接到 HMI 变量。为了寻址数据的各个数组元素，数组使用从"1"开始的整数索引。

B　组态画面

在项目视图左侧的项目树中，双击 HMI 设备的"画面"项下的"添加新画面"，可以添加新的画面。双击项目树中的画面名称可以打开画面编辑器，可以对画面进行编辑。打开画面 1，按照与第 4 章相同的方法添加一个 IO 域到画面中，选中 IO 域，在属性对话框的"常规"项下，设置其连接的过程变量为图 5-3，建立的过程变量"HMI _变量 1"，其他保持不变。在设计画面时，有时需要在多幅画面中显示同一部分内容，例如公司标志

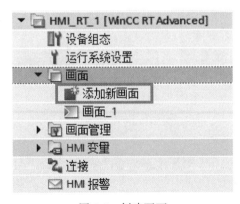

图 5-3　创建画面

的图形等，这可以利用模板来简化组态过程。在项目树中，双击"画面管理"下的"添加新模板"，可以添加新的模板，双击某一模板名称可以打开相应的模板画面。在模板中，可组态将在基于此模板的所有画面中显示的对象。

C　组态画面对象

画面对象是用于设计项目画面的图形元素。画面对象包括基本对象（见图 5-4）、元素、控件、图形和库。基本对象包括图形对象（如"线"或"圆"）和标准控制元素（如"文本域"或"图形显示"）。元素包括标准控制元素，如"IO 域"或"按钮"。控件用于提供高级功能，它们也动态地代表过程操作，如趋势视图和配方视图等。图形以目录树结构的形式分解为各个主题，如机器和工厂区域、测量设备、控制元素、标志和建筑物等，也可以创建指向自定义的图形文件夹的链接。外部图形位于这些文件夹和子文件夹中。它们显示在工具箱中，并通过链接集成到项目中。"库"包含预组态的对象，如管道、泵或预组态的按钮的图形等，也可以将库对象的多个实例集成到项目中，不必重新组态，以提高效率。

图 5-4　画面对象

D　组态画面

根据图 5-4 画面对象里的内容，在组态画面中添加 3 个按钮，重命名为"启动""停止""退出"，如图 5-5 所示，单击下方"事件"页，对相应的按钮进行事件关联，实现按钮的功能触发。

根据图 5-4 画面对象里的内容，在组态画面中添加两个小灯，重命名为"小灯 1""小灯 2"，如图 5-6 所示，单击下方"动画"页，对相应的对象进行动画关联，实现不同对象的动画显示

5.1.1.2　PLCSIM

PLCSIM 是 PLC 的仿真软件，可以对 CPU 的程序进行仿真测试，该仿真测试可以完

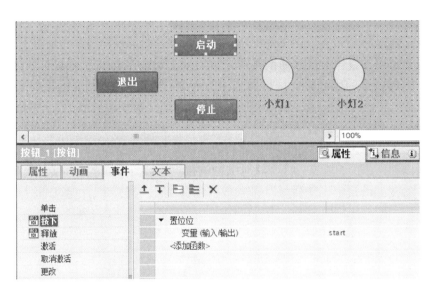

图 5-5　按钮设置

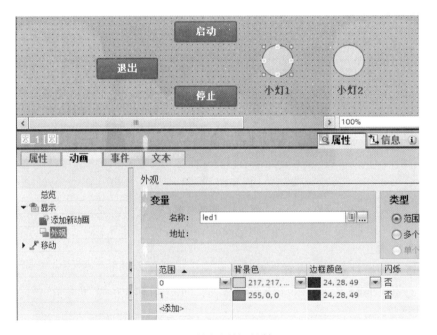

图 5-6　按钮属性对话框

全不基于实际硬件就可以实现。要求 S7-PLCSIM V15.1 软件版本和已安装的 TIA 博途软件版本相同才可以实现仿真功能。PLCSIM 软件需要单独安装，但是不需要安装授权即可以使用。PLCSIM 的仿真范围见表 5-2。

表 5-2 PLCSIM 仿真范围

仿真实例个数	2 个 CPU
通信仿真	支持仿真 S7-1200 PLC 和 S7-1200 PLC/S7-1500 PLC/S7-300 PLC/S7-400 PLC 的 S7 通信（PUT/GET）； 支持仿真 S7-1200 PLC 和 S7-1200 PLC/S7-1500 PLC 的 TCO 通信/ISO ON TCP 通信； 支持仿真 S7-1200 PLC 通过 DP 和 PN 连接 ET200 的 DI/DO/AI/AO； 不支持仿真 PROFIBUS DP/PROFINET IO 的智能 IO 通信
高级功能	支持 TRACE，不支持高速计数器、运动控制、PID、存储卡相关功能（数据记录、配方），Web 服务器等
其余指令	几乎全部支持，对于某些不完全支持的指令，PLCSIM 将严重输入参数并返回有效输入，但和实际 CPU 的输出不一定相同
仿真专有技术保护块	不支持
仿真硬件报警和诊断	不支持

A PLCSIM 基本内容

a 仿真状态

PLC 仿真状态分为未打开仿真、未组态仿真、已组态仿真三种状态，这三种状态可以相互切换，如图 5-7 所示，以下为三种状态的介绍。

（1）未打开仿真。刚打开 PLCSIM 时，此时处于未上电状态。可以选择 PLC 类型，下载搜索不到该仿真 CPU，相当于真实 CPU 未上电，并且未下载过任何组态和程序。

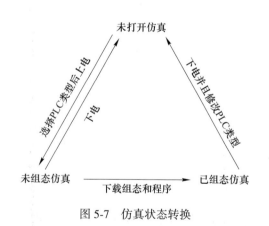

图 5-7 仿真状态转换

（2）未组态仿真。此时 PLC 类型已确定并且无法修改，处于上电状态。可以启动停止 CPU，可以搜索到该仿真 CPU 及下载程序，相当于真实 CPU 已上电，并且未下载过任何组态和程序。

（3）已组态仿真。此时该仿真 CPU 已上电并下载好程序。可以实现启动停止 CPU，上下载程序，上电下电操作，相当于已下载组态和程序的真实 CPU。

b　仿真视图

仿真视图分为紧凑视图和项目视图，这两种视图可以相互切换，以下为两种视图的介绍：

（1）紧凑视图。该视图为 PLCSIM 默认视图，该视图以操作面板形式显示，窗口简洁，便于操作。已组态仿真状态的紧凑视图如图 5-8 所示。

图 5-8　PLCSIM 紧凑视图

①未打开仿真时显示"无仿真"未组态仿真时显示"Unconfigured PLC［SIM-1200］"；已组态仿真时显示"CPU 名称［CPU 的类型］"。

②电源按钮，可打开关闭仿真。关闭仿真时会保存虚拟 PLC 组态，再次单击电源按钮会打开仿真，同时装载此组态。

③CPU 运行/停止、错误、维护指示灯。

④CPU 在线连接的以太网接口标识，S7-1200 PLC 显示为"X1"。

⑤已打开 PLCSIM 项目时，显示仿真项目名称，未打开 PLCSIM 项目时，显示"无项目"。

⑥切换至项目视图按钮。

⑦CPU 运行、停止、复位按钮。

⑧仿真 CPU 的以太网接口 IP 地址。

（2）项目视图。

该视图可以实现 PLCSIM 项目的操作，以及对 PLCSIM 软件的设置，在打开 PLCSIM 项目的情况下，该视图能够实现 PLCSIM 所有仿真功能。已组态仿真状态的项目视图如图 5-9 所示。

①用于 PLCSIM 项目的操作：新建、打开、保存。

②CPU 电源按钮。

③选择 CPU 类型（S7-1200、S7-1500、ET200SP），只有未打开仿真时可以设置。

④CPU 运行、停止按钮。

⑤SIM 表的记录、停止、暂停按钮。

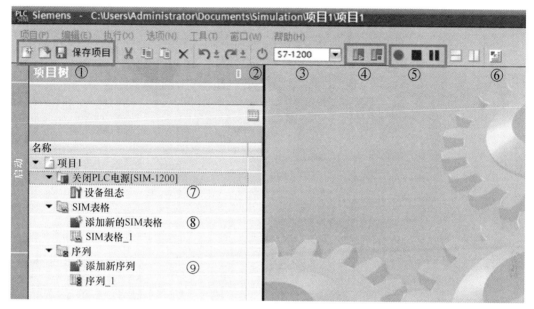

图 5-9　PLCSIM 项目视图

⑥切换至紧凑视图按钮。

⑦打开设备组态。

⑧SIM 表相关功能。

⑨序列相关功能。

B　PLCSIM 的使用

PLCSIM 项目用来保存通过 TIA 博途软件下载到仿真 CPU 的组态和程序，以及通过项目视图编辑的 SIM 表、序列。在项目视图中菜单栏"项目"下，可以对 PLCSIM 项目进行新建、打开、保存、删除等基本操作。打开 PLCSIM 项目时，如果该项目中包含已组态仿真的 CPU，则该仿真 CPU 自动运行。

a　软件启动

PLCSIM 软件安装后，可以通过以下方式启动仿真：

（1）单击桌面上的快捷方式图标，或在开始菜单中，单击"所有程序>Siemens Automation> S7- PLCSIM V15. 1> S7- PLCSIM V15. 1"；

（2）在 TIA 博途软件项目视图项目树中，选择待仿真的 S7-1200 CPU，单击工具栏的"开始仿真"按钮；

（3）在 TIA 博途软件项目视图项目树中，选择待仿真的 S7-1200 CPU，单击菜单栏，"在线>仿真>启动"。

b　程序下载

如使用软件启动方法（1），则需先选择 PLC 类型：S7-1200，然后单击 CPU 电源按钮，此时单击 TIA 博途软件菜单栏"在线>下载并复位 PLC 程序"，之后同软件启动方法（2）和（3），如图 5-10 所示。

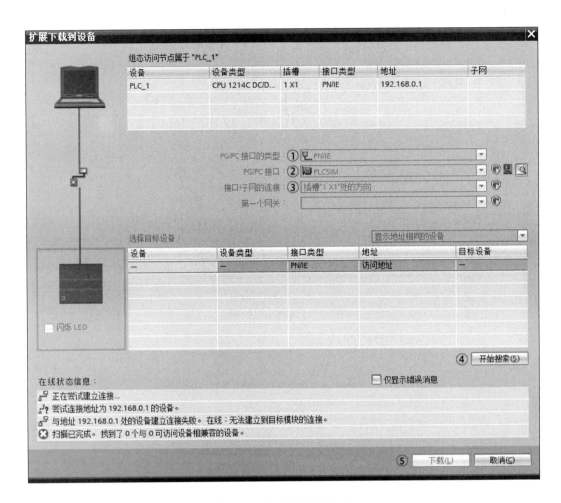

图 5-10　PLCSIM 下载设置

①选择 PG/PC 接口的类型：PN/IE。

②设置 PG/PC 接口：PLCSIM。

③选择合适的接口/子网的连接。

④开始搜索目标设备。

⑤选择 CPU 后，单击"下载"按钮。

c　程序仿真

下载完成后，PLCSIM 将显示 CPU 已运行，此时可以开始程序仿真。

5.1.2　虚拟仿真编程具体开发

本节通过具体项目讲解，强化对西门子 PLC 各知识的理解。项目要求：按下启动按钮后，两个小灯交替亮灭，按下停止后，两个小灯马上熄灭。PLC 应用基本技能练习电路原理图如图 5-11 所示。

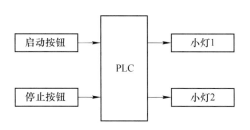

图 5-11　电路原理

打开博途，进入初始化界面，如图 5-12 所示。

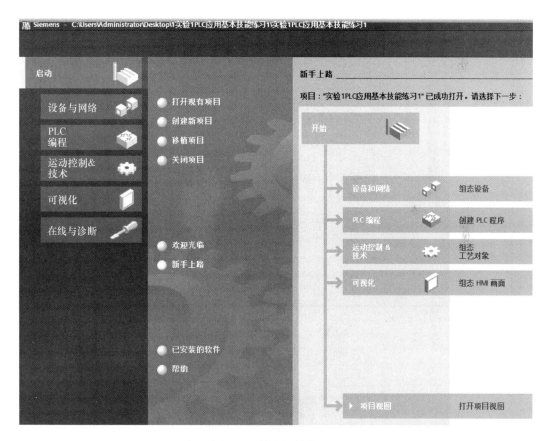

图 5-12　博途初始化界面

建立工程后，选择"添加新设备"，在"控制器"模块选择 CPU 1214C DC/DC/DC，如图 5-13 所示。

在博途里选择 PC station，如图 5-14 所示。

将主控制器 CPU 1214C DC/DC/DC 与 PC station 建立连接，如图 5-15 所示。

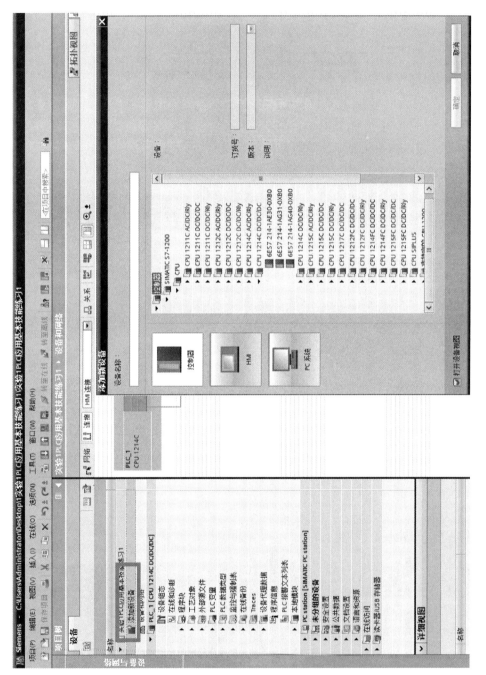

图5-13 选择PLC型号

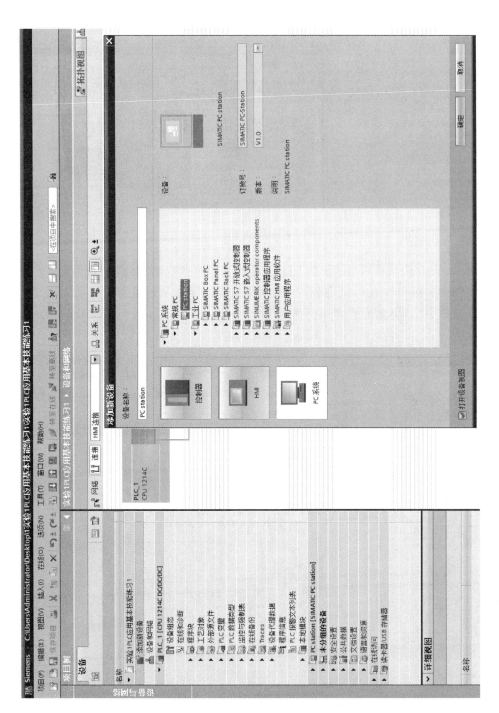

图5-14 选择PC station

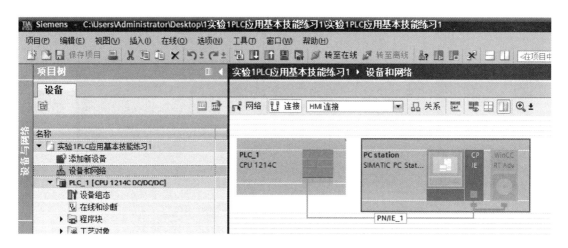

图 5-15　建立连接

数据块 DB 的作用同样可以理解为 PLC 变量表，但不同的地方是 DB 块里面这些变量的数据类型和命名都可以自行设定和调整，简而言之，DB 块就相当于一个全局变量的 PLC 变量表。数据块 DB 建立界面如图 5-16 所示。

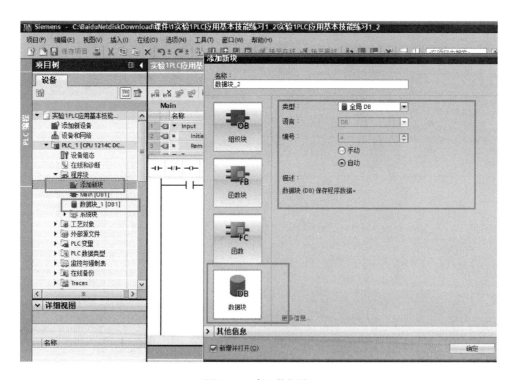

图 5-16　建立数据块

根据任务要求，建立 PLC 输入变量表与输出变量表，见表 5-3 和表 5-4。

表 5-3　PLC 输入变量表

名　　称	相对地址	数据类型
启动按钮	DB1. DBX0. 0	Bool
停止按钮	DB1. DBX0. 1	Bool

表 5-4　PLC 输出变量表

名　　称	相对地址	数据类型
小灯 1	DB1. DBX0. 2	Bool
小灯 2	DB1. DBX0. 3	Bool

在西门子 PLC 中，有两大数据存储区，一个是 M 区，另一个是 DB 块，其中 DB 块由于其方便变量的管理、支持定义数据类型的多样性而被广泛使用，如西门子 1200/1500 中的 LREAL 和数组，只能在 DB 中定义，不能在 M 区定义。本次任务选用建立 DB 块，如图 5-17 所示。

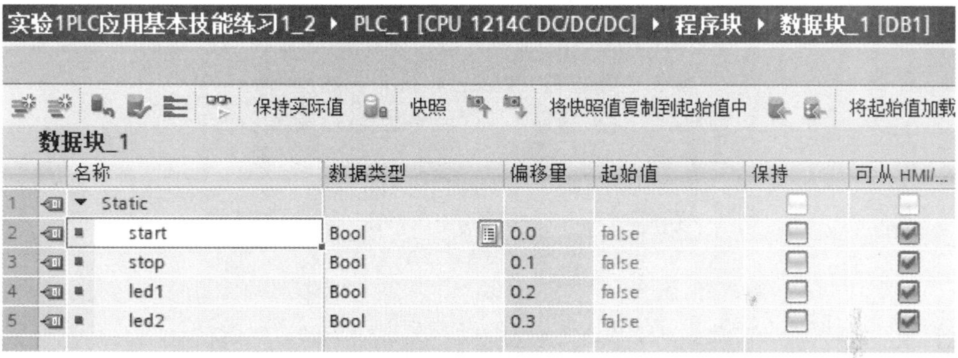

图 5-17　PLC 变量表

标准 DB 块，即绝对地址，如 DB1. DBX0. 0 等，优化的 DB 块是不能显示偏移量地址的，数据的存储地址由系统自动分配，但并不是不占用存储地址，只不过无法通过绝对寻址的方式访问该优化 DB 块中的变量。标准 DB 由于不能系统自动分配地址，有可能造成地址区空闲浪费。本任务中取消优化的块访问如图 5-18 所示。

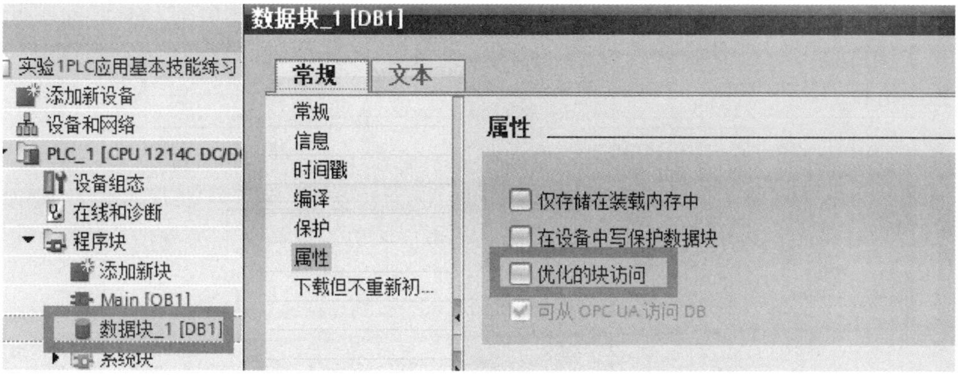

图 5-18　取消优化的块访问

在博途界面里的"程序块"编写程序，如图 5-19 所示。

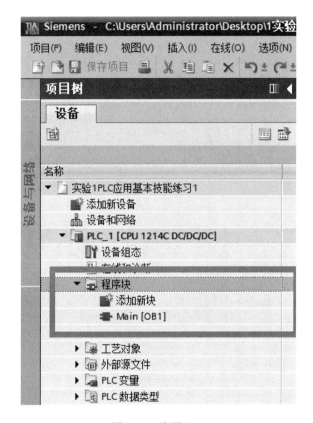

图 5-19 编写入口

根据任务要求，编写程序如图 5-20 和图 5-21 所示。

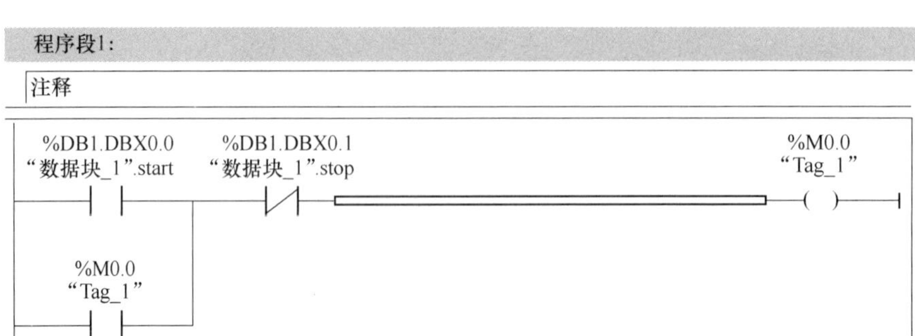

程序段1：

注释

```
%DB1.DBX0.0        %DB1.DBX0.1                                    %M0.0
"数据块_1".start    "数据块_1".stop                                 "Tag_1"
    ┤ ├              ┤/├                                          ─( )─

    %M0.0
   "Tag_1"
    ┤ ├
```

图 5-20 程序 1

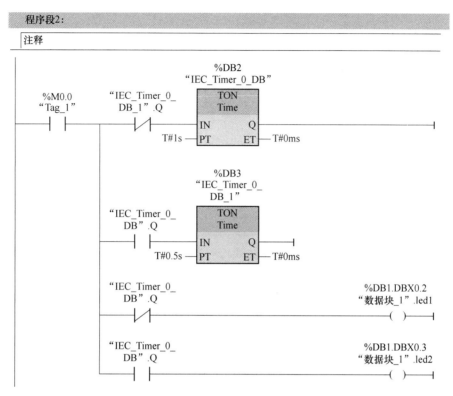

图 5-21　程序 2

通过 WINCC 进行画面制作，如图 5-22 所示。

图 5-22　画面制作

建立相关的基本对象，如图 5-23 所示。

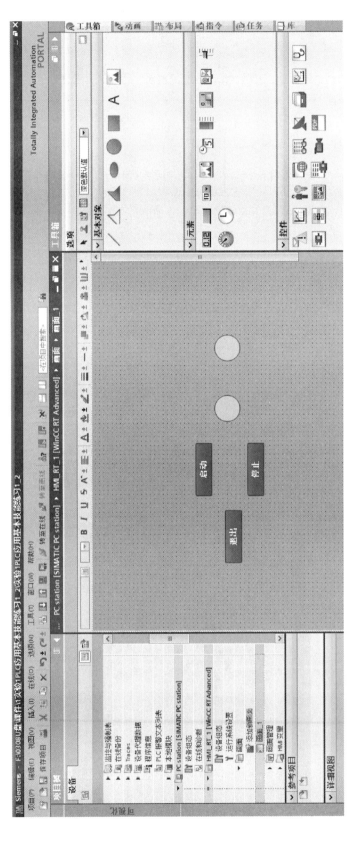

图5-23　建立基本对象

建立基本对象事件连接，如图 5-24 所示。

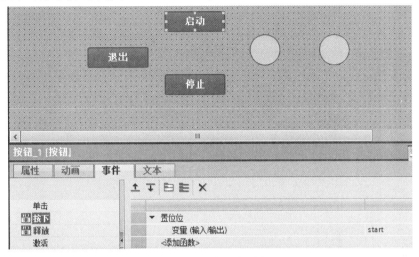

图 5-24　连接基本对象

建立基本对象动画设置，如图 5-25 所示。

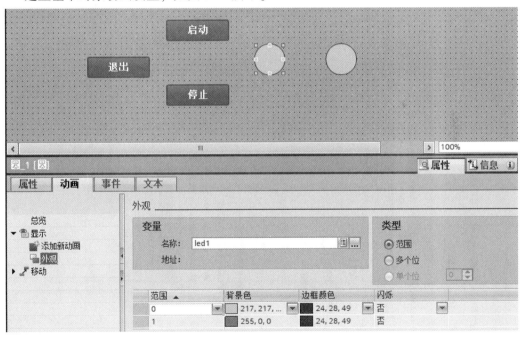

图 5-25　动画设置

在下载程序与画面下载之前，需要在以太网对 IP 进行设置，如图 5-26 和图 5-27 所示。

设置好 IP 后，需要对程序和画面进行编译、下载、仿真，如图 5-28 所示。

单击下载按钮 ，出现下载界面按照下图进行配置，单击下载，如图 5-29 所示。

本次博途仿真运行界面如图 5-30 所示。

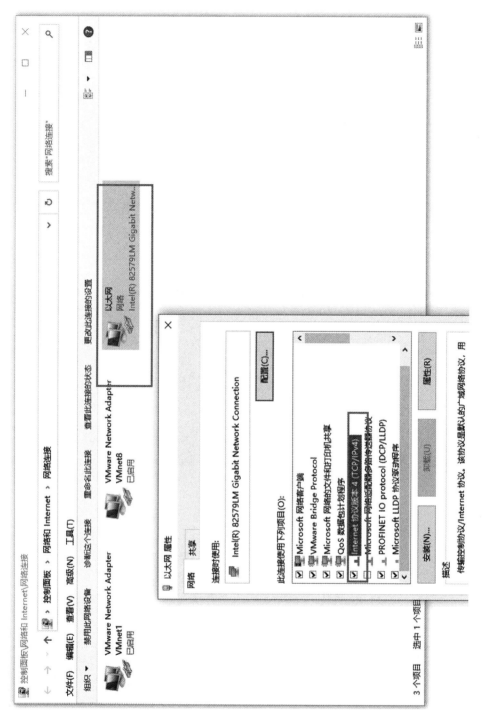

图5-26 网络设置界面

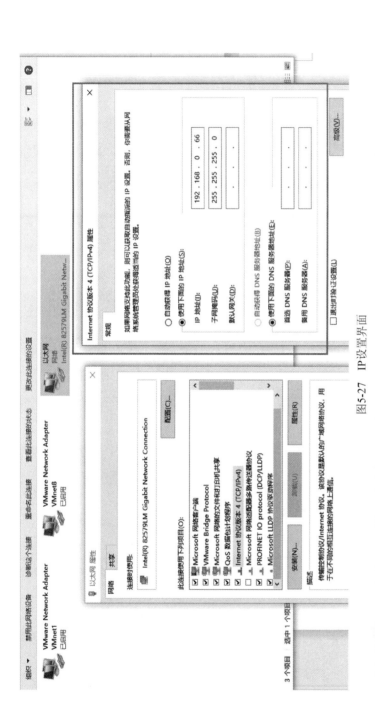

图5-27　IP设置界面

图5-28　编译、下载、仿真

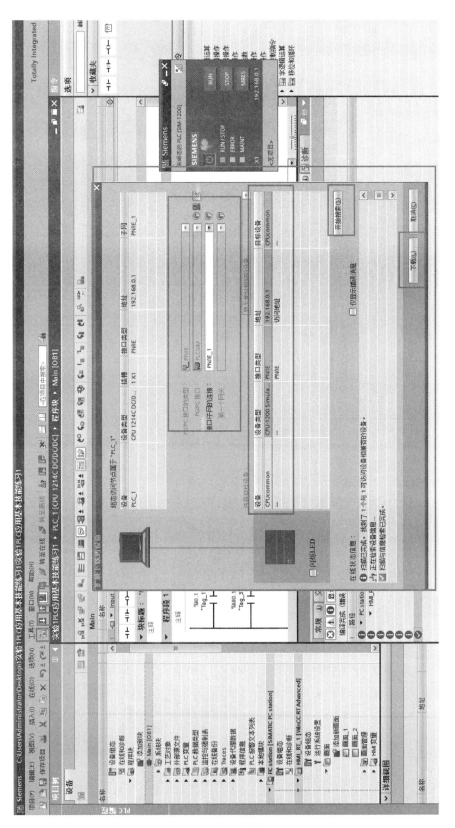

图 5-29 下载程序

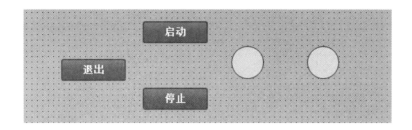

图 5-30　仿真运行

任务 5.2　经验设计法编程

5.2.1　经验设计法编程基础知识

5.2.1.1　转换法

图 5-31 中的启动信号 I0.0 和停止信号 I0.1（例如启动按钮和停止按钮提供的信号）持续为 1 状态的时间一般都很短。起保停电路最主要的特点是具有"记忆"功能，按下启动按钮，I0.0 的常开触点接通，Q0.0 的线圈"通电"，它的常开触点同时接通。放开启动按钮，I0.0 的常开触点断开，能流经 Q0.0 的常开触点和 I0.1 的常闭触点流过 Q0.0 的线圈，Q0.0 仍为 1 状态，这就是所谓的"自锁"或"自保持"功能。按下停止按钮，I0.1 的常闭触点断开，使 Q0.0 的线圈"断电"，其常开触点断开。以后即使放开停止按钮，I0.1 的常闭触点恢复接通状态，Q0.0 的线圈仍然"断电"。

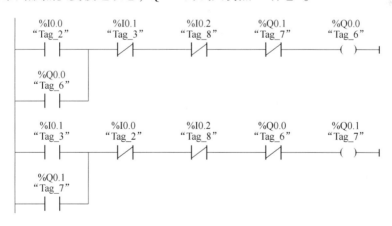

图 5-31　起保停电路梯形图

这种记忆功能也可以用图 5-32 中的 S 指令和 R 指令来实现。起保停电路与置位复位电路是后面要重点介绍的顺序控制设计法的基本电路。在实际电路中，启动信号和停止信号可能由多个触点组成的串、并联电路提供。

5.2.1.2　梯形图的经验设计法

在一些典型电路的基础上，根据被控对象对控制系统的具体要求，不断地修改和完善梯形图，有时需要多次反复地调试和修改梯形图，增加一些中间编程元件和触点，最后才

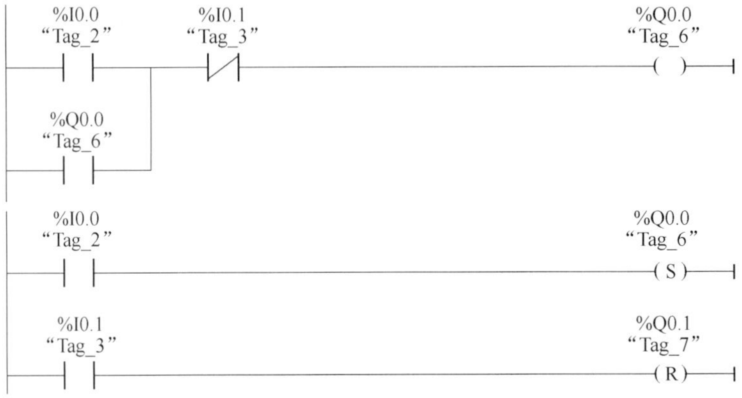

图 5-32　起保停电路与置位复位电路

能得到一个较为满意的结果。这种方法没有普遍的规律可以遵循，具有很大的试探性和随意性，最后的结果不是唯一的，设计所用的时间、设计的质量与设计者的经验有很大的关系，所以把这种设计方法叫经验设计法，它可以用于较简单的梯形图（例如手动程序）的设计。

A　延时断开电路（见图 5-33）

输入 I0.0=ON 时，Q0.0=ON，并且输出 Q0.0 的触点自锁保持接通，输入 I0.0=OFF后，启动定时器 IEC_ Timer_ 0_ DB，定时 5s 后，定时器触点闭合，输出 Q0.0 断开。

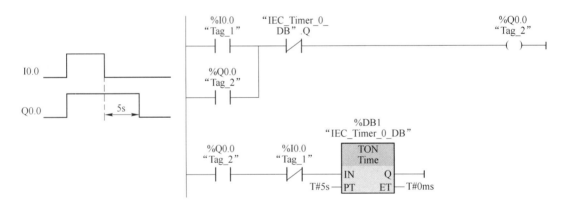

图 5-33　延时断开电路

B　振荡电路（见图 5-34）

当输入 X000 接通时，输出 Y000 闪烁，接通与断开交替运行，接通时间为 1s 由定时器 T0 设定，断开时间为 2s 由定时器 T1 设定。

5.2.1.3　双线圈问题

如图 5-35 所示，I0.1=ON，I0.2=OFF，起初的 Q0.3，因为 I0.1 接通，其映象寄存器变为 ON，输出 Q0.4 也接通。但是第二次的 Q0.3，因为输入 I0.2 断开，其映象寄存器

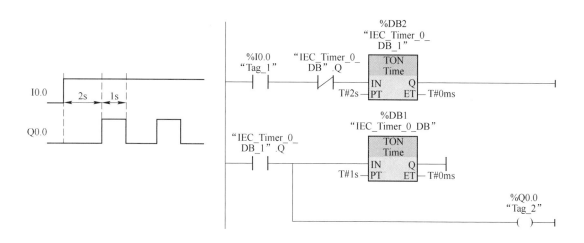

图 5-34　振荡电路

变为 OFF，实际的外部输出为 Q0.3＝OFF，Q0.4＝ON。将 Q0.3 线圈驱动条件 I0.1 与 I0.2 合并，就能解决 Q0.3 双线圈驱动的问题。

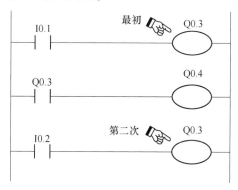

图 5-35　双线圈问题示意图

5.2.2　经验设计法编程：三相异步电动机星-三角降压启动

5.2.2.1　控制要求

由于电动机启动电流与电源电压成正比，而此时电网提供的启动电流只有全电压启动电流的 1/3，因此其启动力矩也只有全电压启动力矩的 1/3。星-三角启动属降压启动，它是以牺牲功率为代价换取降低启动电流来实现的，所以不能一概以电机功率的大小来确定是否需采用星-三角启动，还要看是什么样的负载。一般在启动时负载轻、运行时负载重的情况下可采用星-三角启动，通常鼠笼型电机的启动电流是运行电流的 5~7 倍，而电网对电压要求一般为±10%，为了使电机启动电流不对电网电压形成过大的冲击，可以采用星-三角启动。三相异步电动机星-三角降压启动电路原理如图 5-36 所示。

5.2.2.2　硬件结构图

输入：启动按钮和停止按钮，输出：接触器如果改用 PLC 控制，则需要利用内部定

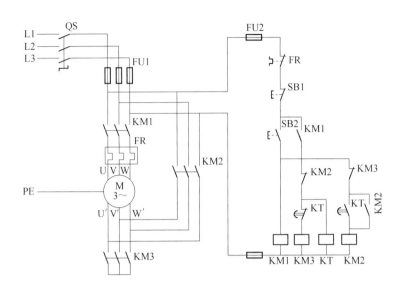

图 5-36　三相异步电动机星-三角降压启动电路原理

时器指令来实现定时功能。

三相异步电动机星-三角降压启动硬件结构如图 5-37 所示。

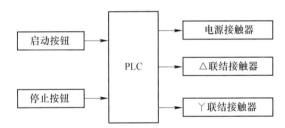

图 5-37　三相异步电动机星-三角降压启动硬件结构

5.2.2.3　PLC 变量表

PLC 输入变量表见表 5-5。

表 5-5　PLC 输入变量表

名　称	相对地址	数据类型
启动按钮	DB1. DBX0. 0	Bool
停止按钮	DB1. DBX0. 1	Bool

PLC 输出变量表见表 5-6。

表 5-6　PLC 输出变量表

名　称	相对地址	数据类型
电源接触器	DB2. DBX0. 0	Bool
Y联结接触器	DB2. DBX0. 1	Bool
△联结接触器	DB2. DBX0. 2	Bool

5.2.2.4　控制实现

根据三相异步电动机星-三角降压启动控制要求，结合 5.2.1 经验设计法编程基础知识中的 5.2.1.1 转换法与 5.2.1.2 梯形图的经验设计法的延时断开电路，实现三相异步电动机星-三角降压启动的程序，如图 5-38 所示。

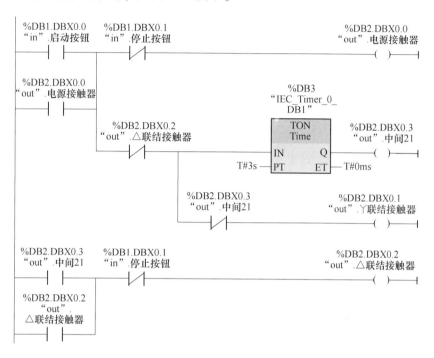

图 5-38　三相异步电动机星-三角降压启动程序

5.2.2.5　调试运行界面

三相异步电动机星-三角降压启动调试运行界面如图 5-39 所示。

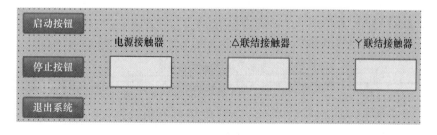

图 5-39　三相异步电动机星-三角降压启动调试运行界面

5.2.3　经验设计法编程：三相异步电动机能耗制动控制

5.2.3.1　控制要求

能耗制动是一种应用广泛的电气制动方法。当电动机脱离三相交流电源以后，立即将直流电源接入定子的两相绕组，绕组中流过直流电流，产生了一个静止不动的直流磁场。

此时电动机的转子切割直流磁通，产生感生电流。在静止磁场和感生电流相互作用下，产生一个阻碍转子转动的制动力矩，因此电动机转速迅速下降，从而达到制动的目的。当转速降至零时，转子导体与磁场之间无相对运动，感生电流消失，电动机停转，再将直流电源切除，制动结束。三相异步电动机能耗制动控制电路原理图如图 5-40 所示。

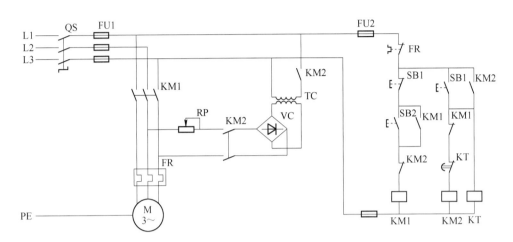

图 5-40　三相异步电动机能耗制动控制电路原理

5.2.3.2　硬件结构图

三相异步电动机能耗制动控制硬件结构如图 5-41 所示。

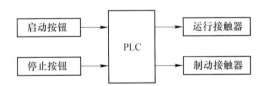

图 5-41　三相异步电动机能耗制动控制硬件结构

5.2.3.3　PLC 变量表

PLC 输入变量表见表 5-7。

表 5-7　PLC 输入变量表

名　称	相对地址	数据类型
启动按钮	DB1. DBX0. 0	Bool
停止按钮	DB1. DBX0. 1	Bool

PLC 输出变量表见表 5-8。

表 5-8　PLC 输出变量表

名　称	相对地址	数据类型
运行接触器	DB2. DBX0. 0	Bool
停止接触器	DB2. DBX0. 1	Bool

5.2.3.4　控制实现

根据三相异步电动机能耗制动控制要求，结合 5.2.1 经验设计法编程基础知识中的 5.2.1.1 转换法与 5.2.1.2 梯形图的经验设计法的延时断开电路，实现三相异步电动机能耗制动控制的程序，如图 5-42 所示。

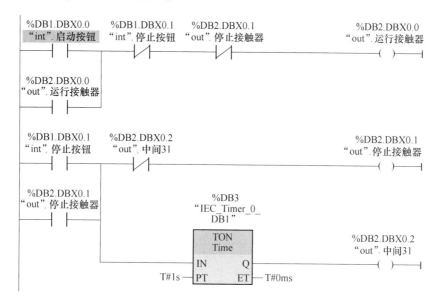

图 5-42　三相异步电动机能耗制动控制程序

5.2.3.5　调试运行界面

三相异步电动机能耗制动控制调试运行界面如图 5-43 所示。

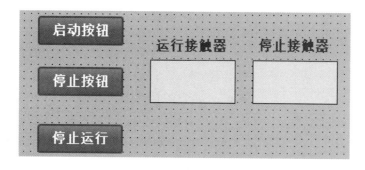

图 5-43　三相异步电动机能耗制动控制调试运行界面

5.2.4　经验设计法编程：彩灯的花样控制

5.2.4.1　控制要求

控制要求一：接通弹子开关 S1，隔灯闪烁：L1、L3、L5、L7，亮 1s 后灭，接着 L2、L4、L6、L8 亮，1s 后灭，再接着 L1、L3、L5、L7 亮，1s 后灭，如此循环下去。断开弹子开关 S1，停止闪烁。

控制要求二：接通弹子开关 S2，隔两灯闪烁：L1、L4、L7 亮，1s 后灭，接着 L2、L5、L8 亮，1s 后灭，接着 L3、L6、L9 亮，1s 后灭……如此循环。断开弹子开关 S1，停止闪烁。

5.2.4.2 硬件结构图

彩灯的花样控制硬件结构图如图 5-44 所示。

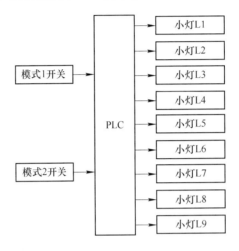

图 5-44 彩灯的花样控制硬件结构

5.2.4.3 PLC 变量表

PLC 输入变量表见表 5-9。

表 5-9 PLC 输入变量表

名 称	相对地址	数据类型
模式 1 开关	DB11. DBX0. 0	Bool
模式 2 开关	DB11. DBX0. 1	Bool

PLC 输出变量表见表 5-10。

表 5-10 PLC 输出变量表

名 称	相对地址	数据类型
小灯 L1	DB2. DBX0. 5	Bool
小灯 L2	DB2. DBX0. 6	Bool
小灯 L3	DB2. DBX0. 7	Bool
小灯 L4	DB2. DBX1. 0	Bool
小灯 L5	DB2. DBX1. 1	Bool
小灯 L6	DB2. DBX1. 2	Bool
小灯 L7	DB2. DBX1. 3	Bool
小灯 L8	DB2. DBX1. 4	Bool
小灯 L9	DB2. DBX1. 5	Bool

5.2.4.4 控制实现

根据彩灯的花样控制要求，结合 5.2.1 经验设计法编程基础知识中的 5.2.1.2 梯形图的经验设计法的振荡电路，5.2.1.3 双线圈问题，实现彩灯的花样控制程序，如图 5-45～图 5-47 所示。

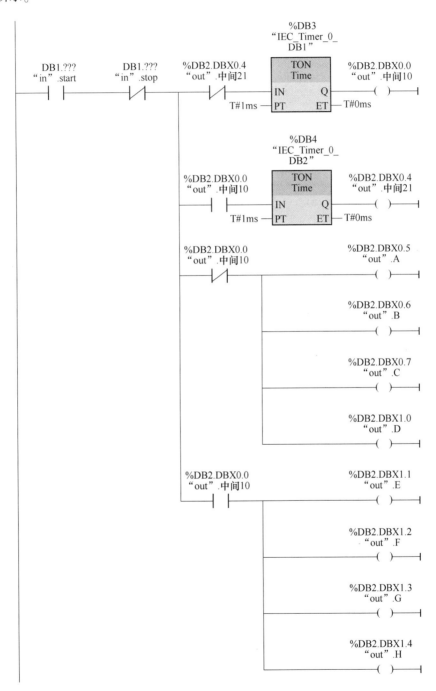

图 5-45 彩灯的控制程序 1

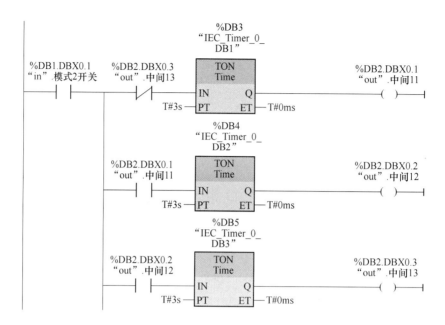

图 5-46　彩灯的控制程序 2

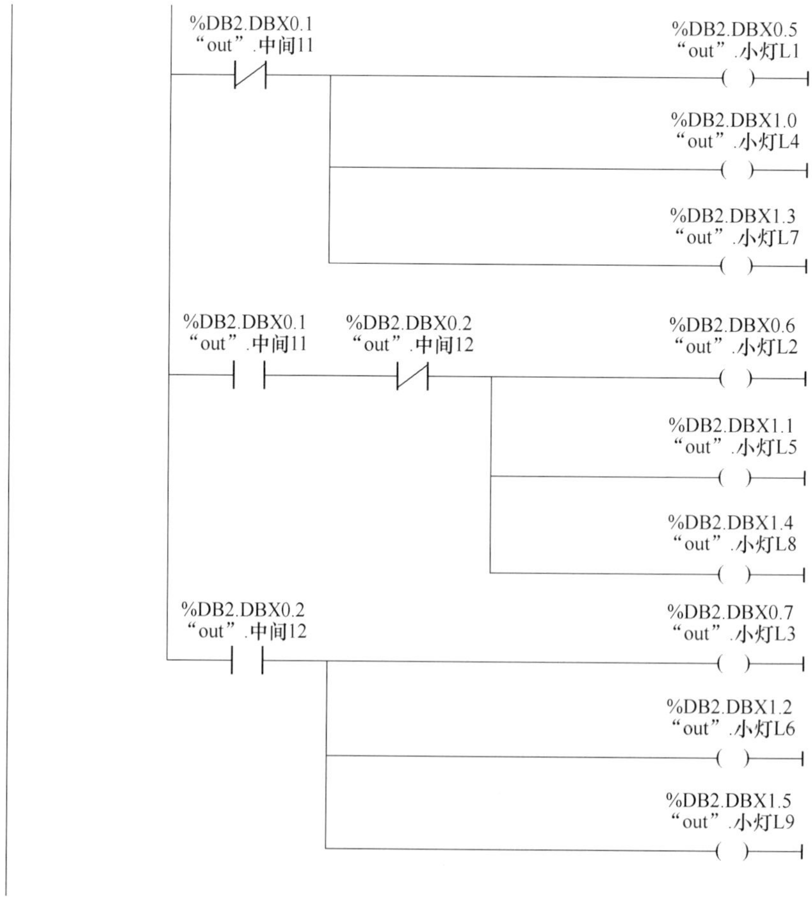

图 5-47　彩灯的控制程序 3

5.2.4.5　调试运行界面

彩灯的花样控制调试运行界面如图 5-48 所示。

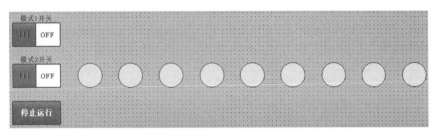

图 5-48　彩灯的花样控制调试运行界面

5.2.5　经验设计法编程：交通信号灯控制

5.2.5.1　控制要求

信号灯控制要求：开关合上后，东西向绿灯亮 4s 后闪 2s 灭；黄灯亮 2s 灭；红灯亮 8s；绿灯亮……循环，对应东西向绿灯、黄灯亮时南北向红灯亮 8s，接着绿灯亮 4s 后闪 2s 灭；黄灯亮 2s 后，红灯又亮……循环。

5.2.5.2　硬件结构图

交通信号灯控制硬件结构如图 5-49 所示。

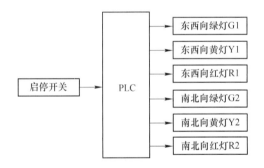

图 5-49　交通信号灯控制硬件结构

5.2.5.3　PLC 变量表

PLC 输入变量表见表 5-11。

表 5-11　PLC 输入变量表

名　　称	相对地址	数据类型
启停开关	DB1. DBX0. 0	Bool

PLC 输出变量表见表 5-12。

表 5-12　PLC 输出变量表

名　　称	相对地址	数据类型
东西向绿灯 G1	DB2. DBX0. 0	Bool
东西向黄灯 Y1	DB2. DBX0. 1	Bool

名　　称	相对地址	数据类型
东西向红灯 R1	DB2. DBX0. 2	Bool
南北向绿灯 G2	DB2. DBX0. 3	Bool
南北向黄灯 Y2	DB2. DBX0. 4	Bool
南北向红灯 R2	DB2. DBX0. 5	Bool

5.2.5.4　控制实现

根据交通信号灯控制要求，结合 5.2.1 经验设计法编程基础知识中的 5.2.1.2 梯形图的经验设计法的振荡电路，5.2.1.3 双线圈问题，实现交通信号灯控制程序，如图 5-50 和图 5-51 所示。

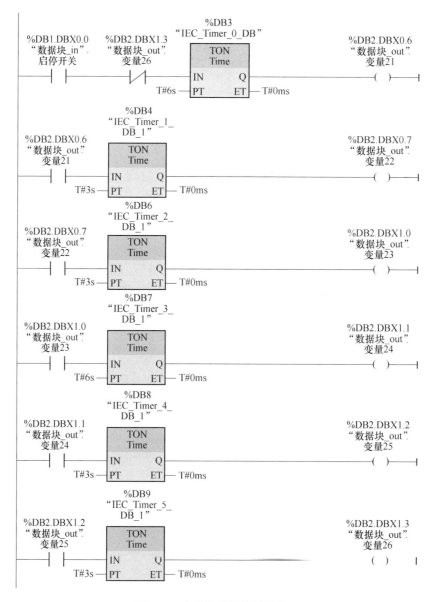

图 5-50　交通信号灯控制程序 1

▼　　程序段2：东西绿灯

注释

```
%DB1.DBX0.0        %DB2.DBX0.6                                        %DB2.DBX0.0
"数据块_in".        "数据块_out".                                       "数据块_out".
启停开关            变量21                                              东西绿灯G1
  ─┤├──────────────┤/├──────┬─                                          ──( )──
                            │
%DB2.DBX0.6        %DB2.DBX0.7 │
"数据块_out".       "数据块_out". │
变量21              变量22       │
  ─┤├──────────────┤/├──────┘
```

▼　　程序段3：东西黄灯

注释

```
%DB2.DBX0.7        %DB2.DBX1.0                                        %DB2.DBX0.1
"数据块_out".        "数据块_out".                                       "数据块_out".
变量22              变量23                                              东西黄灯Y1
  ─┤├──────────────┤/├────────────                                      ──( )──
```

▼　　程序段4：东西红灯

注释

```
%DB2.DBX1.0                                                          %DB2.DBX0.2
"数据块_out".                                                          "数据块_out".
变量23                                                                东西红灯R1
  ─┤├────────────────────────────────                                  ──( )──
```

▼　　程序段5：南北绿灯

注释

```
%DB1.DBX0.0        %DB2.DBX1.1        %DB2.DBX1.0                     %DB2.DBX0.3
"数据块_in".        "数据块_out".       "数据块_out".                     "数据块_out".
启停开关            变量24             变量23                            南北绿灯G2
  ─┤├──────────────┤/├──────────────┤├────┬─                           ──( )──
                                          │
%DB2.DBX1.1        %DB2.DBX1.2             │
"数据块_out".       "数据块_out".            │
变量24             变量25                   │
  ─┤├──────────────┤/├──────────────────────┘
```

▼　　程序段6：南北黄灯

注释

```
%DB2.DBX1.2        %DB2.DBX1.3                                        %DB2.DBX0.4
"数据块_out".        "数据块_out".                                       "数据块_out".
变量25             变量26                                              南北黄灯Y2
  ─┤├──────────────┤/├────────────                                      ──( )──
```

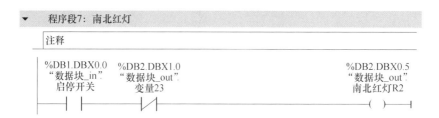

图 5-51　交通信号灯控制程序 2

5.2.5.5　调试运行界面

交通信号灯控制调试运行界面如图 5-52 所示。

图 5-52　交通信号灯控制调试运行界面

5.2.6　经验设计法编程：步进电动机控制

5.2.6.1　控制要求

步进电动机是一种将电脉冲信号转换成相应角位移或线位移的电动机。每输入一个脉冲信号，转子就转动一个角度或前进一步，其输出的角位移或线位移与输入的脉冲数成正比，转速与脉冲频率成正比。因此，步进电动机又称脉冲电动机。步进电机分单四拍开关和双四拍开关两种：单四拍，每拍只有一个绕组通电，省电，发热小，但力矩也小（数字表示为 A-B-C-D）；双四拍，每拍有两个绕组通电，耗电略高，发热大点，但力矩也大（数字表示为 AB-BC-CD-DA）。

5.2.6.2　硬件结构图

步进电动机控制硬件结构如图 5-53 所示。

5.2.6.3　PLC 变量表

PLC 输入变量表见表 5-13。

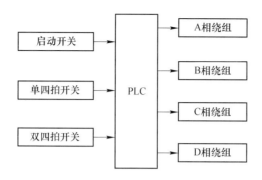

图 5-53　步进电动机控制硬件结构

表 5-13　PLC 输入变量表

名　　称	相对地址	数据类型
启动开关	DB1. DBX0. 0	Bool
单四拍开关	DB1. DBX0. 1	Bool
双四拍开关	DB1. DBX0. 2	Bool

PLC 输出变量表见表 5-14。

表 5-14　PLC 输出变量表

名　　称	相对地址	数据类型
A 相绕组	DB2. DBX2. 3	Bool
B 相绕组	DB2. DBX2. 4	Bool
C 相绕组	DB2. DBX2. 5	Bool
D 相绕组	DB2. DBX2. 6	Bool

5.2.6.4　控制实现

根据步进电动机控制要求，结合 5.2.1 经验设计法编程基础知识中的 5.2.1.2 梯形图的经验设计法的振荡电路，5.2.1.3 双线圈问题，实现步进电动机控制程序，如图 5-54 ~ 图 5-57 所示。

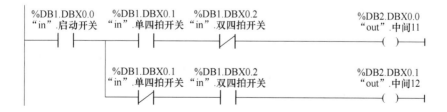

图 5-54　步进电动机控制程序 1

为了处理双线圈问题，将 4 个绕组前面的常开指令并联一起。

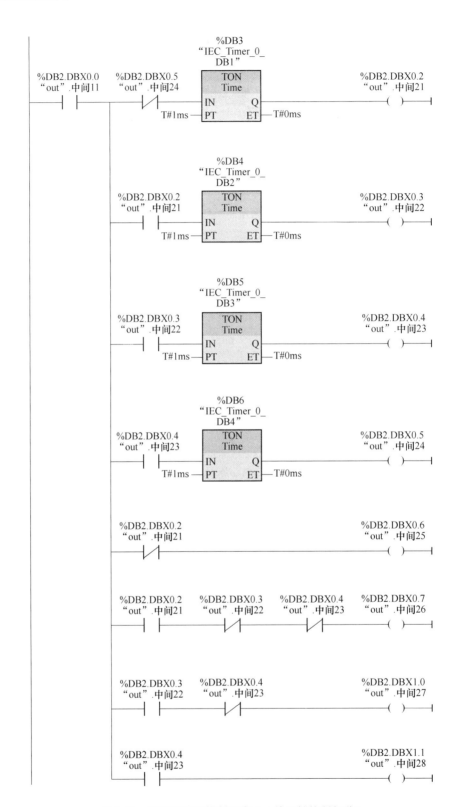

图 5-55　步进电动机控制程序 2（单四拍控制部分）

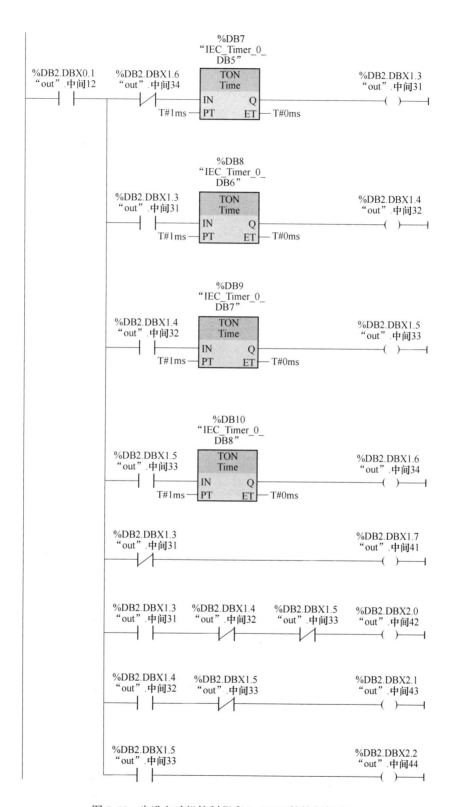

图 5-56　步进电动机控制程序 3（双四拍控制部分）

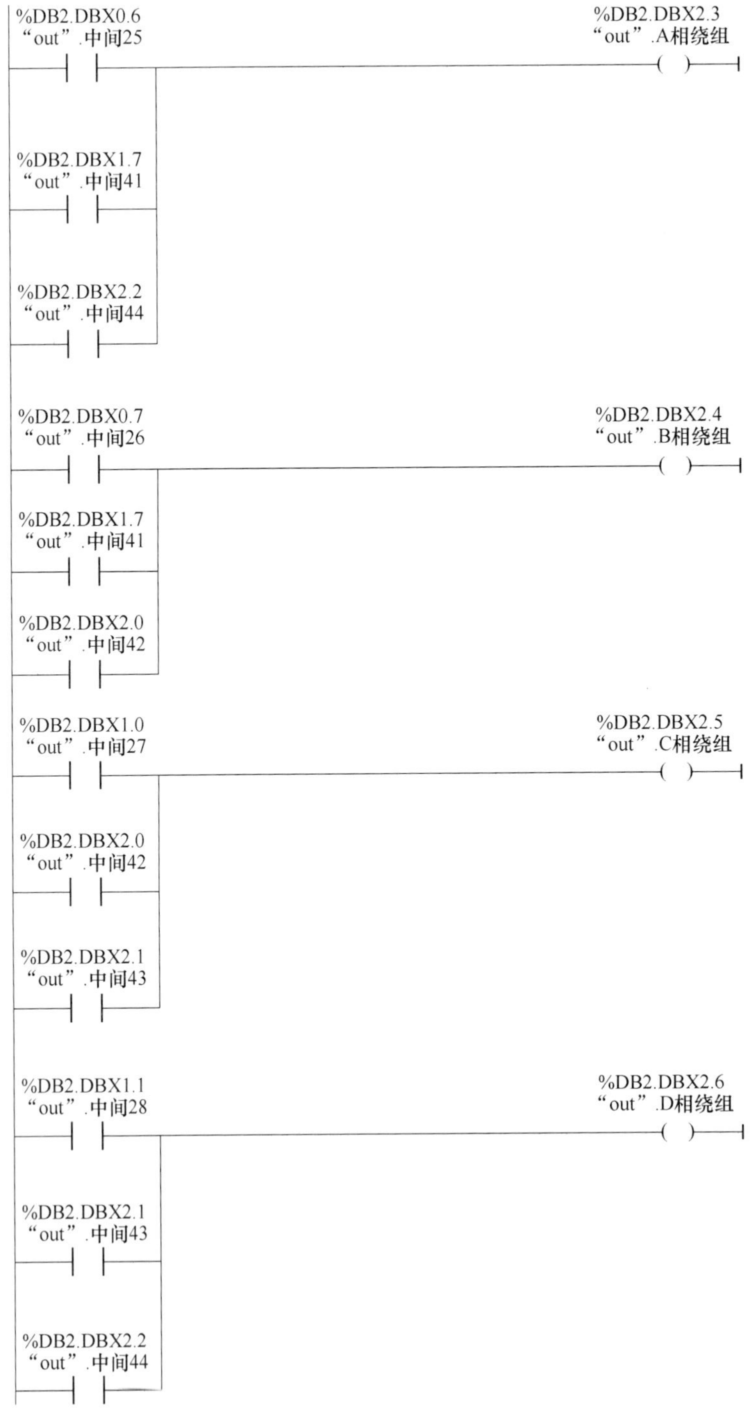

```
%DB2.DBX0.6                                                    %DB2.DBX2.3
"out".中间25                                                   "out".A相绕组
    ┤├─────┬──────────────────────────────────────────────────( )─
          │
%DB2.DBX1.7 │
"out".中间41 │
    ┤├─────┤
          │
%DB2.DBX2.2 │
"out".中间44 │
    ┤├─────┘

%DB2.DBX0.7                                                    %DB2.DBX2.4
"out".中间26                                                   "out".B相绕组
    ┤├─────┬──────────────────────────────────────────────────( )─
          │
%DB2.DBX1.7 │
"out".中间41 │
    ┤├─────┤
          │
%DB2.DBX2.0 │
"out".中间42 │
    ┤├─────┘

%DB2.DBX1.0                                                    %DB2.DBX2.5
"out".中间27                                                   "out".C相绕组
    ┤├─────┬──────────────────────────────────────────────────( )─
          │
%DB2.DBX2.0 │
"out".中间42 │
    ┤├─────┤
          │
%DB2.DBX2.1 │
"out".中间43 │
    ┤├─────┘

%DB2.DBX1.1                                                    %DB2.DBX2.6
"out".中间28                                                   "out".D相绕组
    ┤├─────┬──────────────────────────────────────────────────( )─
          │
%DB2.DBX2.1 │
"out".中间43 │
    ┤├─────┤
          │
%DB2.DBX2.2 │
"out".中间44 │
    ┤├─────┘
```

图 5-57   步进电动机控制程序 4

5.2.6.5   调试运行界面

步进电动机控制调试运行界面如图 5-58 所示。

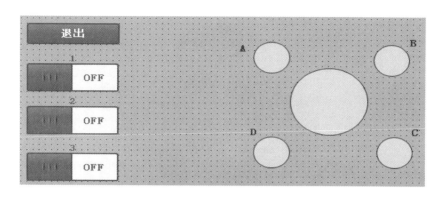

图 5-58　步进电动机控制调试运行界面

任务 5.3　FC、FB 编程

5.3.1　FC、FB 基础知识

FC 与 FB 可以用一个公式来表示，即 FB=FC+DB。其中，FB 是具有 DB 背景块的特殊 FC，也就是说 FB 具有 FC 的功能，同时拥有一个 DB 块。FC 的全称是 Function 函数，DB 块的全称是 DataBlock 数据存储区域，类似数据库中关系表结构。

我们都知道，函数 $f(x)$ 是一种特殊的映射，给予输入值 x 便产生唯一输出值 $f(x)$。其中 x 是自变量，$f(x)$ 是因变量。用常见的函数公式举例，比如圆的面积公式 $s=\pi r^2$，输入 r 值，便得到圆的面积 s。其中 r 是自变量，s 是因变量。

5.3.1.1　二者使用不同的数据块

FC 使用共享数据块，FB 使用后台数据块。例如，如果要用相同的参数控制 3 个电动机，则只需使用 FB 编程以及 3 个背景数据块。但是，如果使用 FC，则需要不断修改共享数据块，否则数据将丢失。FB 确保三个电动机的参数不会相互干扰。

5.3.1.2　二者的应用取决于不同实际需求

FB 和 FC 本质上是相同的，它们等效于子例程，并且可以被其他程序调用（也可以调用其他子例程）。它们之间最大的区别是 FB 与 DB 结合使用，即使 FB 退出后，FB 使用的数据也存储在 DB 中。FC 没有永久性的数据块来存储数据，在操作过程中只会分配一个临时的数据区域。在实际编程中，使用 FB 还是 FC 取决于实际需求。

5.3.2　FC 的应用：花样喷泉控制

5.3.2.1　控制要求

花样喷泉控制要求一：开关合上后，电动机正转，在第一个喷口喷水，5s 后转换到第二个喷口喷水，5s 后又回到在第一个喷口运行，循环进行。

花样喷泉控制要求二：开关合上后，电动机能够在正反转情况下完成三个喷口的循环喷水。

花样喷泉如图 5-59 所示。

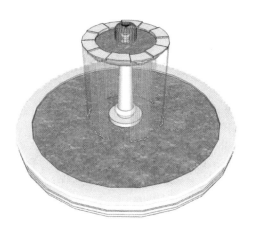

图 5-59 花样喷泉

5.3.2.2 硬件结构图

花样喷泉控制硬件结构如图 5-60 所示。

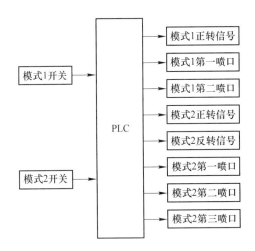

图 5-60 花样喷泉控制硬件结构

5.3.2.3 PLC 变量表

PLC 输入变量表见表 5-15。

表 5-15 PLC 输入变量表

名　　称	相对地址	数据类型
模式 1 开关	DB13. DBX0. 0	Bool
模式 2 开关	DB13. DBX0. 1	Bool

PLC 输出变量表见表 5-16。

表 5-16　PLC 输出变量表

名　称	相对地址	数据类型	备注
模式 1 正转信号	DB1.DBX0.0	Bool	—
模式 1 第一喷口	DB1.DBX0.1	Bool	—
模式 1 第二喷口	DB1.DBX0.2	Bool	—
模式 2 正转信号	DB2.DBX0.0	Bool	—
模式 2 反转信号	DB2.DBX0.1	Bool	—
模式 2 第一信号	DB2.DBX0.2	Bool	—
模式 2 第二信号	DB2.DBX0.3	Bool	—
模式 2 第三信号	DB2.DBX0.4	Bool	FALSE

5.3.2.4　控制实现

根据花样喷泉控制模式 1 与模式 2 的要求，结合 5.3.1 FC、FB 基础知识，分别建立 FC1、FC2，将 FC 直接拖至主程序，分配实参，实现对两种模式的控制。根据控制要求，需要实现花样喷泉的两种控制，均通过 FC 的形式完成建立，在 FC 建立形参表，接着建立花样喷泉的控制与输出部分，如图 5-61~图 5-68 所示。

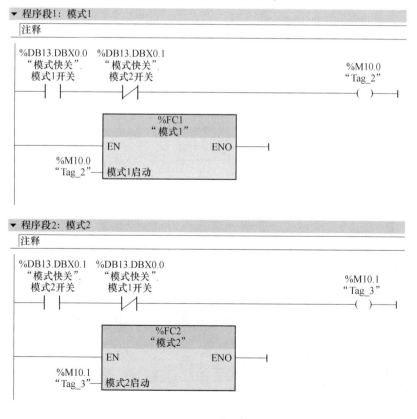

图 5-61　花样喷泉控制程序 1

模式1				
	名称	数据类型	默认值	注释
1	▼ Input			
2	■　模式1启动	Bool	🔲	
3	▼ Output			
4	■　<新增>			

图 5-62　花样喷泉控制模式 1 形参定义表

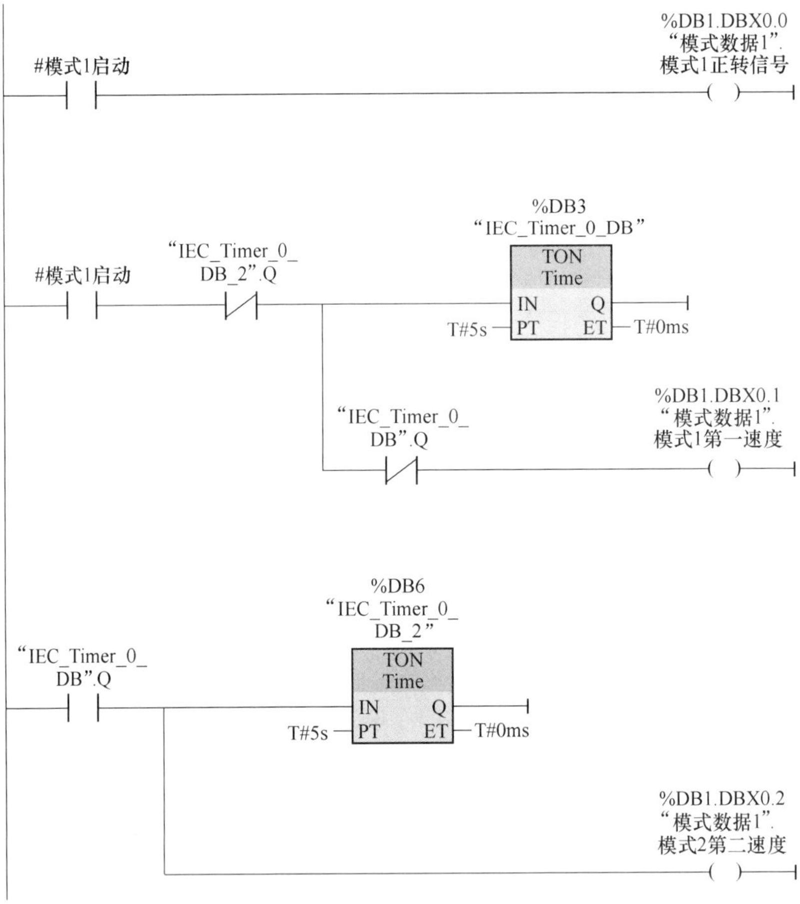

图 5-63　花样喷泉控制程序 2

模式2				
	名称	数据类型	默认值	注释
1	▼ Input			
2	■　模式2启动	Bool	🔲	
3	▼ Output			
4	■　<新增>			

图 5-64　花样喷泉控制模式 2 形参定义表

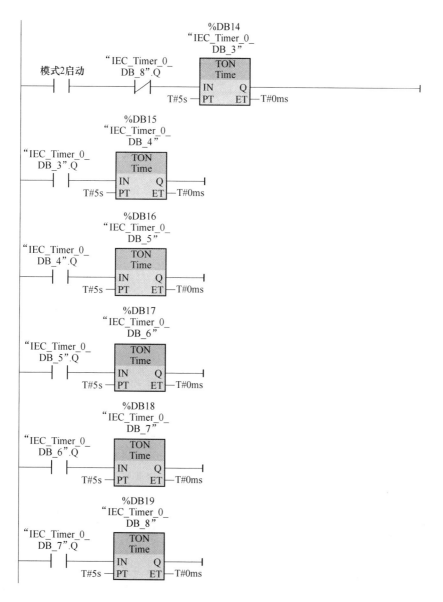

图 5-65　花样喷泉控制程序 3

图 5-66　花样喷泉控制程序 4

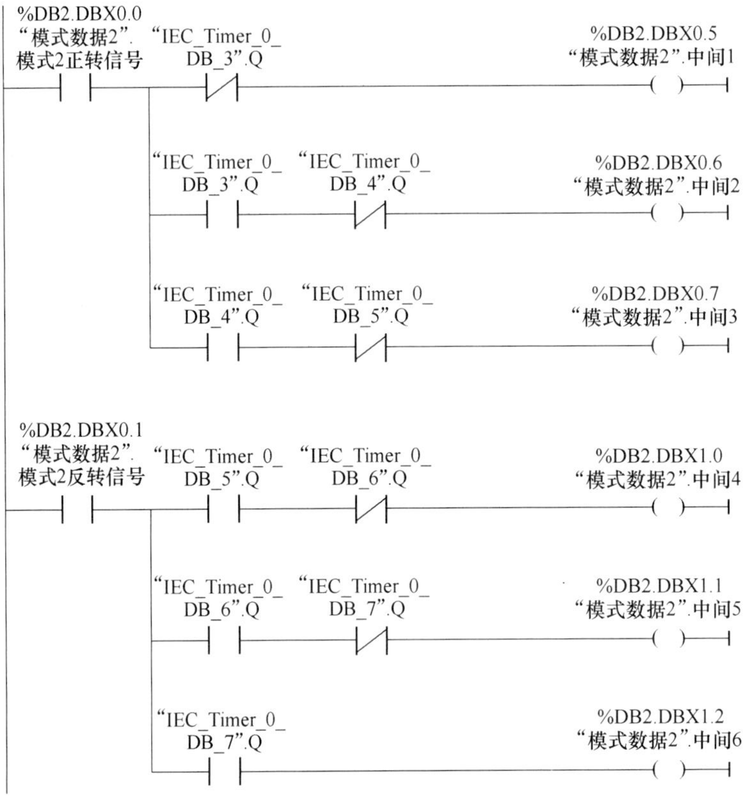

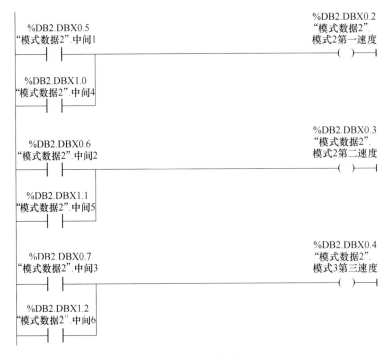

图 5-67   花样喷泉控制程序 5

图 5-68   花样喷泉控制程序 6

5.3.2.5　调试运行界面

变频调速控制调试运行界面如图 5-69 所示。

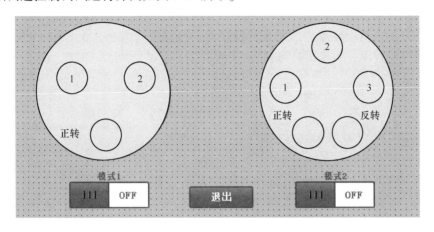

图 5-69　变频调速控制调试运行界面

5.3.3　FB 的应用：抢答器控制

5.3.3.1　控制要求

一个四组抢答器，任一组抢先按下按键后，显示器能及时显示该组的编号并使报警灯指示，同时锁住抢答器，使其他组按下按键无效。抢答器有复位按钮，复位后可重新抢答。

5.3.3.2　硬件结构图

抢答器控制硬件结构如图 5-70 所示。

5.3.3.3　PLC 变量表

PLC 输入变量表见表 5-17。

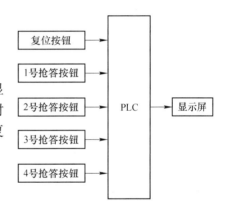

图 5-70　抢答器控制硬件结构

表 5-17　PLC 输入变量表

名　称	相对地址	数据类型
复位按钮	DB1.DBX0.0	Bool
1 号抢答按钮	DB1.DBX0.1	Bool
2 号抢答按钮	DB1.DBX0.2	Bool
3 号抢答按钮	DB1.DBX0.3	Bool
4 号抢答按钮	DB1.DBX0.4	Bool

PLC 输出变量表见表 5-18。

表 5-18　PLC 输出变量表

名　称	相对地址	数据类型
显示屏	DB2.DBW2	Int

5.3.3.4　控制实现

根据四组抢答器，任一组抢先按下按键后，显示器能及时显示该组的编号并使报警灯指示，同时锁住抢答器，通过自锁方式实现程序段的保持。为使其他组按下按键无效，在程序中引入互锁，使用自复位按钮实现抢答器的自复位。结合 5.3.1 FC、FB 基础知识，建立抢答器控制程序，如图 5-71 和图 5-72 所示。

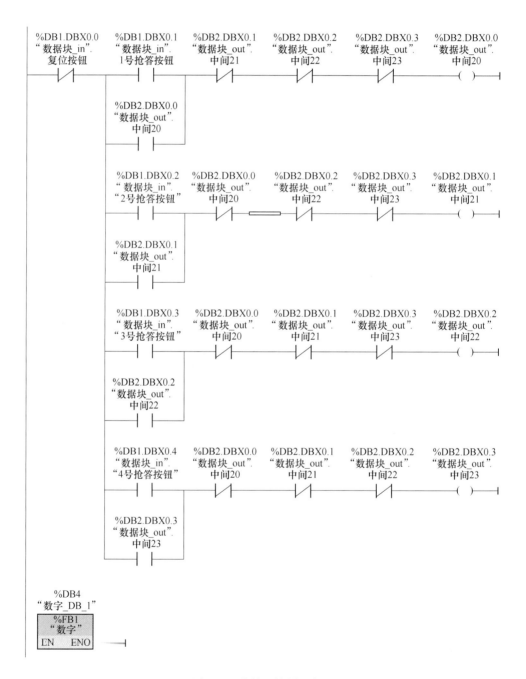

图 5-71　抢答器控制程序 1

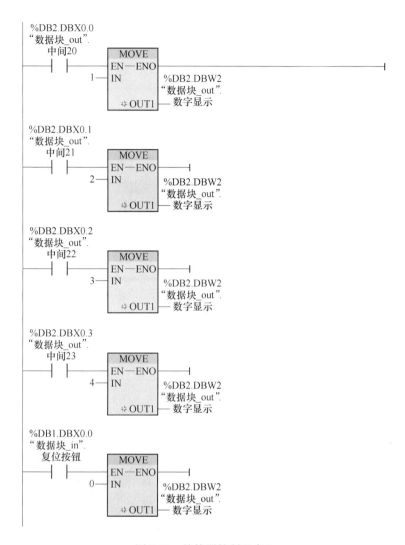

图 5-72　抢答器控制程序 2

5.3.3.5　调试运行界面

抢答器控制调试运行界面如图 5-73 所示。

图 5-73　抢答器控制调试运行界面

任务 5.4　GRAPH 编程

5.4.1　GRAPH 编程基础知识

用经验法设计梯形图时，因为缺少固定且可遵循的方法和步骤，且程序本身具有试探性和随意性，梯形图的设计和修改都比较复杂。一方面，在设计复杂系统的梯形图时，要用大量的中间单元来完成记忆和互锁等功能，牵涉大量需要考虑的因素，这些因素往往交织繁复，不仅分析起来非常困难，而且很容易导致一些重要问题被遗漏。另一方面，后续如需修改某一局部电路时，往往会出现"牵一发而动全身"的麻烦，容易影响到系统的其他部分，梯形图的修改工作往往会事倍功半。用经验法设计出的复杂梯形图，不仅难以阅读，而且不易进行维修和改进。为摒弃经验法的上述缺点，可采用 GRAPH 顺序控制设计法。

GRAPH 顺序控制设计法是一种先进的设计方法，很容易被初学者接受，对于有经验的工程师也会提高设计的效率，设计出的程序也比较容易进行阅读、调试和修改。

所谓顺序控制，就是按照生产工艺预先规定的顺序，在各输入信号的作用下，根据内部状态和时间顺序，各个执行机构在生产过程中自动进行有序操作。

GRAPH 顺序功能图是描述控制系统的控制过程、功能和特性的一种图形，也是设计 PLC 的顺序控制程序的有力工具。顺序功能图并不涉及所描述的控制功能的具体技术，它是一种通用的技术语言，可以供不同专业的人员之间进行技术交流之用，也可进行进一步设计。现在还有相当多的 PLC（包括 S7-1200）没有配备顺序功能图语言，但仍可以用顺序功能图来描述系统的功能，根据它来设计梯形图程序。

GRAPH 是用于编制顺序控制的编程语言，它包括：将工业过程分割为步，即生成一系列顺序步；确定每一步的内容，即每一步中包含控制输出的动作；以及步与步之间的转换条件等主要内容。GRAPH 编程语言中编写每一步的程序要用特殊的类似于语句表的编程语言，转换条件则是在梯形逻辑编程器中输入（梯形逻辑语言的流线型版本）。图 5-74 是 S7-GRAPH 编辑器界面。GRAPH 能够非常清晰地表达复杂的顺序控制，用于编程及故障诊断更为有效。

GRAPH 是 PLC 用于顺序控制程序编程的顺序功能图语言，使用 GRAPH 编写的顺序控制程序以功能块 FB 的形式被主程序 OB1 调用。一个顺序控制项目至少需要 3 个块。

（1）调用 S7-GRAPH FB 的块，它可以是组织块 OB、功能 FC 或功能块 FB。

（2）用来描述顺序控制系统各子任务（步）和相互关系（转换）的 S7-GRAPH FB，它是由一个或多个顺序器（Sequencer）和可选的永久指令组成。

（3）指定给 S7-GRAPH FB 的背景数据块（FB），它包含了顺序控制系统的参数。

步与动作：

（1）步。顺序控制设计法最基本的思想是将系统的一个工作周期划分为若干个顺序相连的阶段，这些阶段称为步（Step），并用编程元件（例如微存储器 M）来代表各步。步是根据输出量的状态变化来划分的，在任何一个步内，各输出量的 ON/OFF 状态不变，但是相邻两步输出量总的状态是不同的。步的这种划分方法使代表各步的编程元件的状态

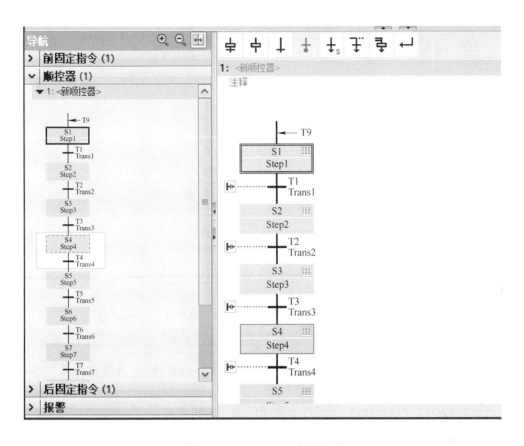

图 5-74　S7-GRAPH 编程界面

与各输出量的状态之间有着极为简单的逻辑关系。

（2）初始步。与系统的初始状态相对应的步称为初始步，初始状态一般是系统等待启动命令的相对静止的状态。初始步用双线方框表示，每一个顺序功能图至少应该有一个初始步。

（3）活动步。当系统正处于某一步所在的阶段时，该步处于活动状态，称为"活动步"。步处于活动状态时，执行相应的非存储型动作；处于不活动状态时，则停止执行。

（4）与步对应的动作或命令。可以将一个控制系统划分为被控系统和施控系统。例如在数控车床系统中，数控装置是施控系统，而车床是被控系统。对于被控系统，在某一步中要完成某些"动作"S（Action），对于施控系统，在某一步中则要向被控系统发出某些"命令"（Command）。为了叙述方便，下面将命令或动作统称为动作，并用矩形框中的文字或变量表示动作，该矩形框应与它所在的步对应的方框相连。如果某一步有几个动作，可以用图 5-75 中的两种画法来表示，但是并不隐含这些动作之间的任何顺序。应清楚地表明动作是存储型的还是非存储型的。

使用动作的修饰词，可以在一步中完成不同的动作。修饰词允许在不增加逻辑的情况下控制动作。例如，可以使用修饰词 L 来限制配料阀打开的时间。动作的修饰词见表 5-19。

图 5-75 动作

表 5-19 动作的修饰词

英文名	中文含义	作 用
N	非存储型	当步变为不活动步时动作停止
S	置位（存储）	当步变为不活动步时动作继续，直到动作被复位
R	复位	被修饰通 S、SD、SL 或 DS 启动的动作被终止
L	时间限制	步变为活动步时动作被启动，直到步变为不活动步或设定时间到
D	时间延迟	变为活动时延迟定时器被启动，如果延迟之后步仍然是活动的，动作被启动和继续，直到步变为不活动步
P	脉冲	当步变为活动步，动作被启动并且只执行一次
SD	存储与时间延迟	在时间延迟之后动作被启动，一直到动作被复位
DS	延迟与存储	在延迟之后如果步仍然是活动的，动作被启动直到被复位
SL	存储与时间限制	变为活动步时动作被启动，一直到设定的时间或到动作被复位

GRAPH 顺序控制编程包含单流程（状态转移只有一种顺序）、选择性分支（从多个流程顺序中选择执行某一个流程）、并行分支（多个分支流程可以同时执行的分支流程）。

顺序控制设计法用转换条件控制代表各步的编程元件，让它们的状态按一定的顺序变化，然后用代表各步的编程元件去控制 PLC 的各输出位。

5.4.2 GRAPH 编程：四台电动机顺序启动、逆序停止控制

5.4.2.1 控制要求

四台电动机顺序启动和逆序停止：按下启动按钮，电动机 M1 启动；2s 后电动机 M2 启动；3s 后电动机 M3 启动；4s 后电动机 M4 启动。按下停止按钮，电动机 M4 停止；4s 后电动机 M3 停止；3s 后电动机 M2 停止；2s 后电动机 M1 停止。

5.4.2.2 硬件结构图

四台电动机顺序启动、逆序停止控制硬件结构图如图 5-76 所示。

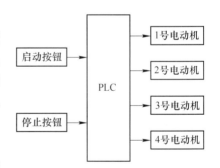

图 5-76 四台电动机顺序启动、逆序停止控制硬件结构图

5.4.2.3 PLC 变量表

PLC 输入变量表见表 5-20。

表 5-20 PLC 输入变量表

名 称	相对地址	数据类型	数值
启动按钮	M0.0	Bool	FALSE
停止按钮	—	—	—

PLC 输出变量表见表 5-21。

表 5-21　PLC 输出变量表

名　　称	相对地址	数据类型	数值
1 号电动机	DB1. DBX0. 0	Bool	FALSE
2 号电动机	DB1. DBX0. 1	Bool	FALSE
3 号电动机	DB1. DBX0. 2	Bool	FALSE
4 号电动机	DB1. DBX0. 3	Bool	FALSE

5.4.2.4　控制实现

根据四台电动机顺序启动、逆序停止控制要求，结合 GRAPH 编程基础知识，实现四台电动机顺序启动、逆序停止控制程序的整体部分，如图 5-77~图 5-80 所示。

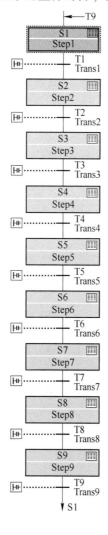

图 5-77　四台电动机顺序启动、逆序停止控制程序 1

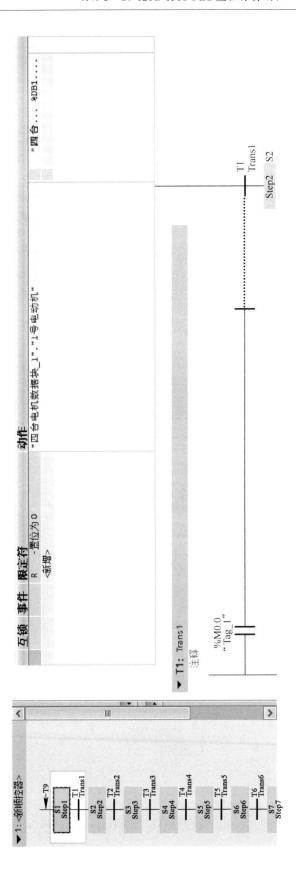

图5-78　四台电动机顺序启动、逆序停止控制程序2

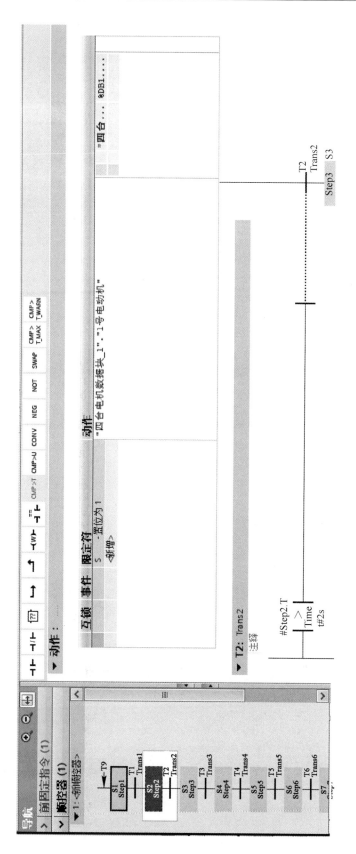

图5-79 四台电动机顺序启动、逆序停止控制程序3

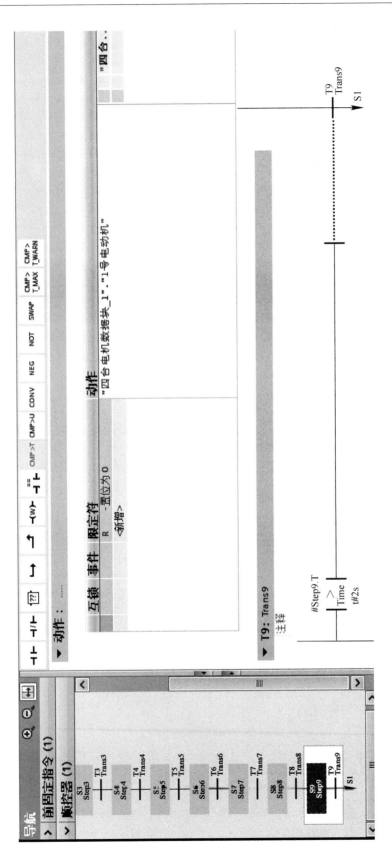

图 5-80　四台电动机顺序启动、逆序停止控制程序 4

5.4.2.5 调试运行界面

四台电动机顺序启动、逆序停止控制调试运行界面如图 5-81 所示。

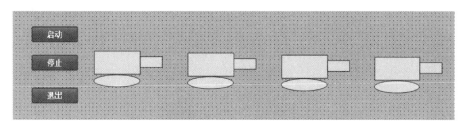

图 5-81 四台电动机顺序启动、逆序停止控制调试运行界面

5.4.3 GRAPH 编程：小车运动控制

5.4.3.1 控制要求

小车底部有一卸料门，起始小车停放在左侧卸料场，小车右方若干远处的上方有一卸料漏斗。按下启动按钮，小车向右运动，达到卸料漏斗下方停止，卸料漏斗打开卸料阀门，货物从卸料漏斗卸到小车上，7s 后关闭卸料漏斗卸料阀门，小车向左把货物运往左侧卸料场，达到卸料场后打开小车底部卸料门，开始卸货物。5s 后货物卸完，关闭小车卸料门。由此完成一个运送货物周期。卸料场和卸料漏斗下方分别安装了用于检测小车达到的检测开关。

5.4.3.2 硬件结构图

小车运动控制硬件结构如图 5-82 所示。

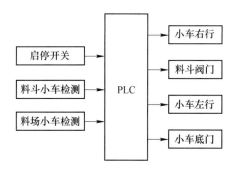

图 5-82 小车运动控制硬件结构

5.4.3.3 PLC 变量表

PLC 输入变量表见表 5-22。

表 5-22 PLC 输入变量表

名 称	相对地址	数据类型
启停开关	DB11. DBX0. 0	Bool
料斗小车检测	DB11. DBX0. 1	Bool
料场小车检测	DB11. DBX0. 2	Bool

PLC 输出变量表见表 5-23。

表 5-23 PLC 输出变量表

名 称	相对地址	数据类型
小车右行	DB2. DBX0. 0	Bool
料斗阀门	DB2. DBX0. 1	Bool
小车左行	DB2. DBX0. 2	Bool
小车底门	DB2. DBX0. 3	Bool

5.4.3.4 控制实现

建立 GRAPH 整体框架，根据控制要求，一共确定为 5 步，为保证程序循环运行，最后一步指向程序框首头。结合 GRAPH 编程基础知识，实现小车运动控制的整体部分，如图 5-83~图 5-88 所示。

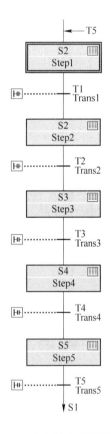

图 5-83 小车运动控制程序 1

针对每一步设定动作以及下一步执行的条件。

5.4.3.5 调试运行界面

小车运动控制调试运行界面如图 5-89 所示。

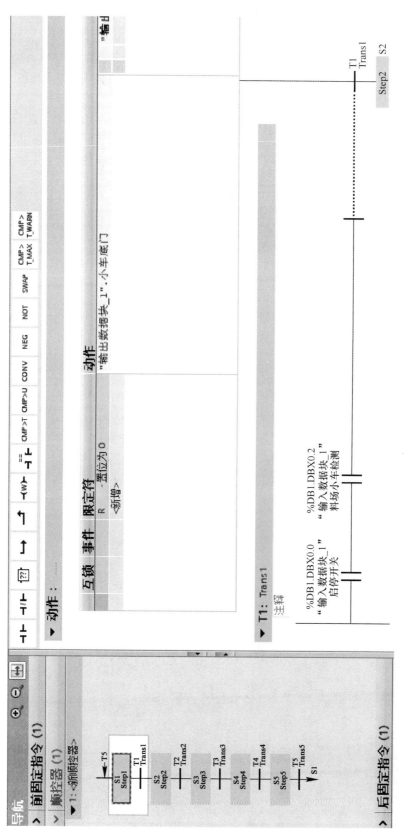

图5-84 小车运动控制程序2

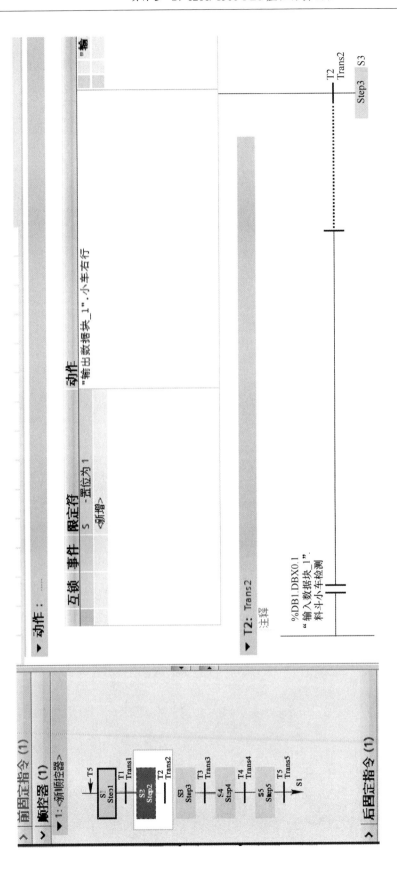

图5-85　小车运动控制程序3

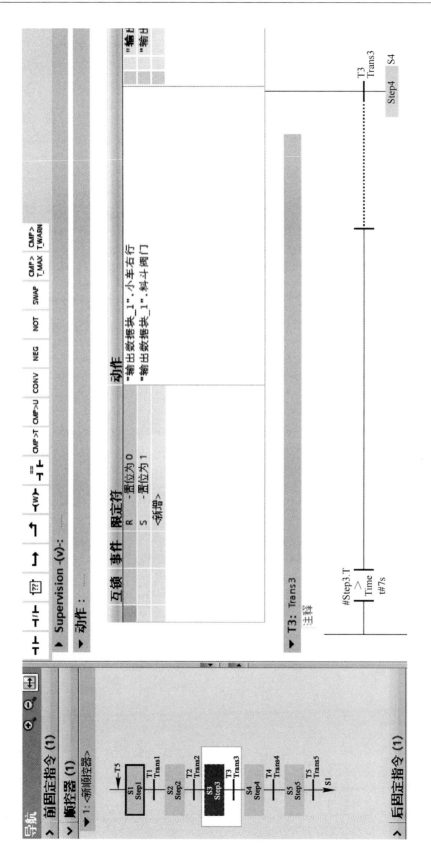

图5-86　小车运动控制程序4

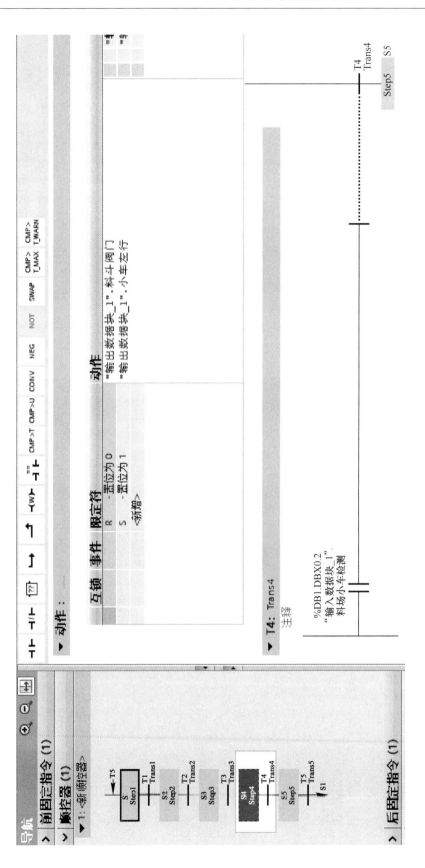

图5-87　小车运动控制程序5

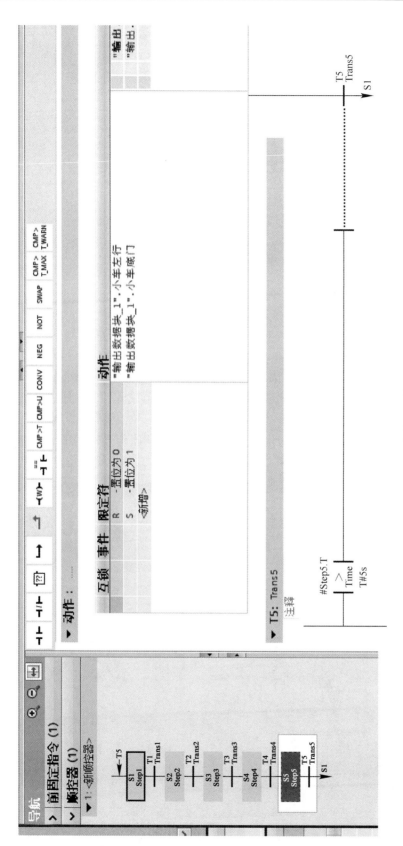

图5-88　小车运动控制程序6

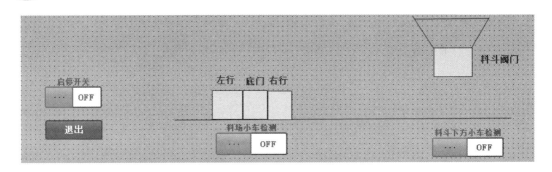

图 5-89 小车运动控制调试运行界面

任务 5.5 SCL 编程

5.5.1 SCL 编程基础知识

SCL 是 Structured Control Language 的缩写，被称为结构化控制语言。SCL 由 Pascal 语言演变而来，最终成为 1EC61131 标准（在 IEC61131 标准中称为"ST"，是 Structured Text 的缩写，称为结构式文件编程语言）。SCL 语言的出现，使得一些适合使用计算机高级语言描述的算法也可以方便地移植到 PLC 中。在 TIA 博途软件中，使用 SCL 更为方便，可以直接建立 SCL 语言的程序块，在统一的软件平台下进行编译、调试和下载。SCL 语言与计算机高级语言类似，主要是用"If"语句、"For"语句来构建出"顺序""选择""循环"这样的结构，然后将各种指令填充到这个结构中，整个程序也是在纯文本环境下编辑的。SIMATIC S7 SCL 程序是在源代码编辑器中编写的，如图 5-90 所示。

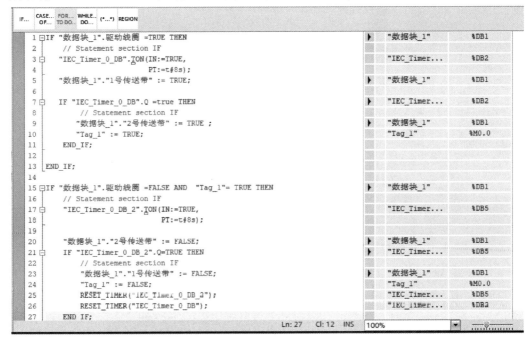

图 5-90 SCL 编程实例

SCL 语言是一种结构化文本，类似于计算机高级语言的编程方式。SCL 为 PLC 做了优化处理，它不仅具有 PLC 典型的元素（输入/输出，定时器，计数器，符号表），而且具有高级语言的特性，如循环、选择、分支、数组、高级函数。SCL 优点为：（1）处理复杂运算功能；（2）实现复杂数学函数；（3）数据管理；（4）过程优化；（5）效率更高；（6）可读性强；（7）可移植性强。

建立 SCL 程序块的过程：新建一个程序块（FC 块或 FB 块），在新建程序块的对话框中选择 SCL 语言。当打开一个 SCL 语言的程序块后，便进入了 SCL 编辑环境。SCL 的具体使用如下所述。

5.5.1.1　SCL 的赋值

（1）赋值的表示方法："："＋"＝"（英文的冒号加等于号）。

（2）语句末必须是一个分号"；"（也必须是英文符号）。

（3）由于 SCL 语言属于西门子 PLC 的高级编程语言，所以基础不好的工程师不一定能读懂 SCL 语言编写的程序，而且 SCL 语言不利于逻辑推理，所以在编程的时候要养成一个良好的习惯，对每一段编写的程序立即增加注释，方便自己调试查阅，也方便别人维护；SCL 的注释方法："//"后面写注释。

5.5.1.2　SCL 的运算符

A　SCL 语言的算术运算符

加法运算＋（例如："A"：＝"B"＋"C"）

减法运算－（例如："A"：＝"B"－"C"）

乘法运算＊（例如："A"＝"B"＊"C"）

除法运算／（例如："A"：＝"B"／"C"）

B　SCL 语言的关系运算符

大于＞（例如：当 A＞B 时，C＝100）

小于＜（例如：当 A＜B 时，C＝200）

等于＝（例如：当 A＝B 时，C＝300）

大于或等于＞＝（例如：当 A＞＝B 时，C＝400）

小于或等于＜＝（例如：当 A＜＝B 时，C＝500）

不等于＜＞（例如：当＜＞B 时，C＝600）

C　SCL 语言的逻辑运算符

非 NOT（可以理解为常闭点）

与 AND（可以理解为串联）

或 OR（可以理解为并联）

异或 XOR（相同为 0，不同为 1）

5.5.1.3　SCL 的常用语句（条件与循环语句）

A　条件语句

IF 语句是 SCL 语言编程中使用最多的语法，IF 语句又称为条件执行语句，条件成立时执行、条件不成立时不执行。IF 语句的分类如下：

a   单 IF 语句

IF.....THEN.....ENDIF；//如果......那么.....结束语

b   双 IF 语句

IF...THEN...ELSE...ENDIF；//如果...那么...否则...结束语

c   多分支 IF 语句

IF...THEN…ELSEIF...THEN...ELSEIF...THEN...ENDIF；//如果...那么..否则如果...那么...结束语

B   循环语句

循环语句的作用是为了使同一个事物具有相同的操作，这可以大大减少程序的复杂性，能够提高程序的运行效率。在日常使用中的问题中有许多具有相同规律的重复动作，因此在程序设计中就要对这些相同的动作重复使用这些语句。我们将一组被不断重复使用的语句称为循环语句，如果循环的终止条件被触发，那么就要终止循环。循环语句由两部分组成，即循环体及循环的终止条件。

FOR _ counter_ ： = _ start_ count_ TO _ end_ count_ DO   // Statement section FOR ；

END_ FOR；

Counter 为变量；

start_ count 为开始值；

end_ count 为结束值；

DO 后面为执行内容。

5.5.2　SCL 编程：运输带控制

5.5.2.1　控制要求

两条运输带顺序相连，PLC 通过输出控制运输带的两台电机。为了避免运送的物料在 1 号运输带堆积，按下启动后，1 号运输带运行，8s 后 2 号运输带自动启动，停止的顺序与启动的顺序相反。

5.5.2.2　硬件结构图

运输带控制硬件结构如图 5-91 所示。

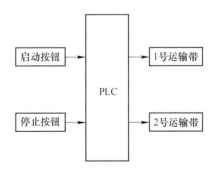

图 5-91　运输带控制硬件结构

5.5.2.3　PLC 变量表

PLC 输入变量表见表 5-24。

表 5-24　PLC 输入变量表

名　称	相对地址	数据类型
启动按钮	DB1. DBX0. 0	Bool
停止按钮	DB1. DBX0. 1	Bool

PLC 输出变量表见表 5-25。

表 5-25　PLC 输出变量表

名　称	相对地址	数据类型
1 号运输带	DB1. DBX0. 3	Bool
2 号运输带	DB1. DBX0. 4	Bool

5.5.2.4　控制实现

在主程序中添加起保停电路，拖入建立好的"FB1"，如图 5-92 所示。

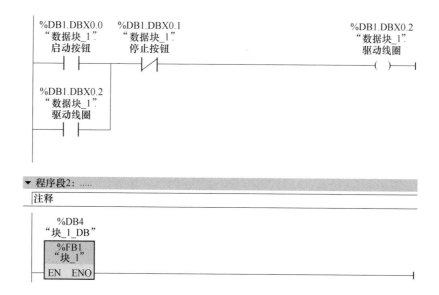

图 5-92　运输带控制程序 1

根据运输带控制要求，结合 5.5.1 SCL 编程基础知识，实现运输带控制程序，如图 5-93 所示。

5.5.2.5　调试运行界面

运输带控制调试运行界面如图 5-94 所示。

```
 1 ⊟IF "数据块_1".驱动线圈 =TRUE THEN
 2 |     // Statement section IF
 3 ⊟   "IEC_Timer_0_DB".TON(IN:=TRUE,
 4 |                         PT:=t#8s);
 5 |     "数据块_1"."1号传送带" := TRUE;
 6 |
 7 ⊟   IF "IEC_Timer_0_DB".Q =true THEN
 8 |         // Statement section IF
 9 |         "数据块_1"."2号传送带" := TRUE ;
10 |         "Tag_1" := TRUE;
11 |     END_IF;
12 |
13 |END_IF;
14 |
15 ⊟IF "数据块_1".驱动线圈 =FALSE AND  "Tag_1"= TRUE THEN
16 |     // Statement section IF
17 ⊟     "IEC_Timer_0_DB_2".TON(IN:=TRUE,
18 |                         PT:=t#8s);
19 |
20 |     "数据块_1"."2号传送带" := FALSE;
21 ⊟   IF "IEC_Timer_0_DB_2".Q=TRUE THEN
22 |         // Statement section IF
23 |         "数据块_1"."1号传送带" := FALSE;
24 |         "Tag_1" := FALSE;
25 |         RESET_TIMER("IEC_Timer_0_DB_2");
26 |         RESET_TIMER("IEC_Timer_0_DB");
27 |     END_IF;
28 |
29 |END_IF;
```

图 5-93　运输带控制程序 2

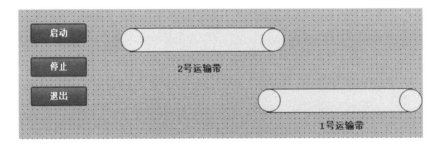

图 5-94　运输带控制调试运行界面

5.5.3　SCL 编程：两种液体混合装置控制

5.5.3.1　控制要求

按启动按钮后，阀门 A 打开，液体 A 流入容器，当液面升到中液位时，中液位传感器 2 闭合，使阀门 A 关闭，阀门 B 打开，液体 B 流入容器。当液面升到高液位时，高液位传感器 1 闭合，使阀门 B 关闭，开始搅拌。搅拌 6s 后，停止搅拌，打开阀门 C，开始放出混合液体。当液面下降到低液位时，低液位传感器 3 断开，再过 3s 后容器即可放空，使阀门 C 关闭。由此完成一个混合搅拌周期，随后将周期性自动循环。如果在循环过程中，按下停止按钮，则当前循环周期结束时自动停机。

5.5.3.2　硬件结构图

两种液体混合装置控制硬件结构如图 5-95 所示。

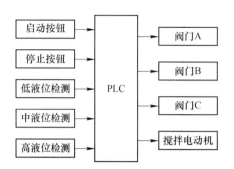

图 5-95　两种液体混合装置控制硬件结构

5.5.3.3　PLC 变量表

PLC 输入变量表见表 5-26。

表 5-26　PLC 输入变量表

名　　称	相对地址	数据类型
启动按钮	DB1. DBX0. 0	Bool
停止按钮	DB1. DBX0. 1	Bool
低液位检测	DB1. DBX0. 2	Bool
中液位检测	DB1. DBX0. 3	Bool
高液位检测	DB1. DBX0. 4	Bool

PLC 输出变量表见表 5-27。

表 5-27　PLC 输出变量表

名　　称	相对地址	数据类型
阀门 A	DB2. DBX0. 0	Bool
阀门 B	DB2. DBX0. 1	Bool
阀门 C	DB2. DBX0. 2	Bool
搅拌电动机	DB2. DBX0. 3	Bool

5.5.3.4　控制实现

在主程序中添加起保停电路，拖入建立好的 "FB1"，如图 5-96 所示。

根据两种液体混合装置控制要求，结合 5.5.1 SCL 编程基础知识，实现两种液体混合装置控制程序，如图 5-97~图 5-99 所示。

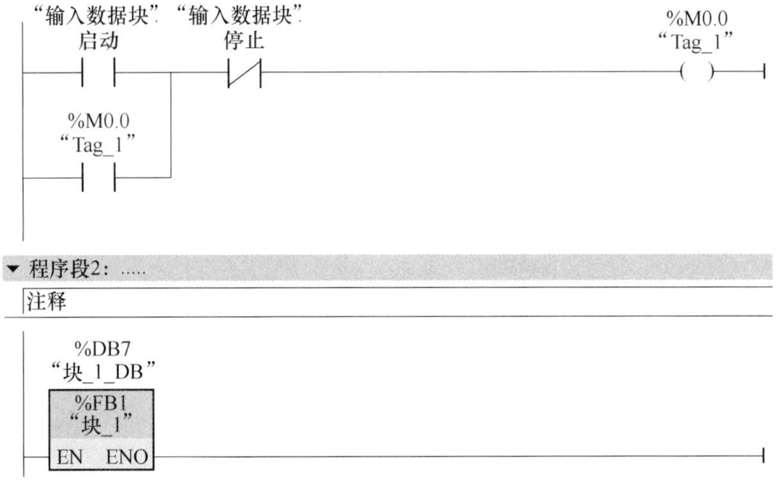

图 5-96   两种液体混合装置控制程序 1

```
1 ⊟IF "输入数据块".启动按钮 =TRUE OR   "中间数据块".中间状态5 = TRUE THEN
2   |    "输入数据块".启动按钮 := FALSE;
3   |    "中间数据块".中间状态5 := false;
4   |    "输出数据块".阀门A := TRUE;
5   |    "中间数据块".中间状态1 := TRUE;
6   |END_IF;
7 ⊟IF "输入数据块".低液位检测 = TRUE AND "输入数据块".中液位检测= TRUE
8   |    AND "中间数据块".中间状态1=TRUE THEN
9   |    // Statement section IF
10  |    "中间数据块".中间状态1 := FALSE;
11  |    "输出数据块".阀门A := FALSE;
12  |    "输出数据块".阀门B := TRUE;
13  |    "中间数据块".中间状态2 := TRUE;
14  |END_IF;
15 ⊟IF "输入数据块".高液位检测 AND "中间数据块".中间状态2 = TRUE THEN
16  |    // Statement section IF
17  |    "输出数据块".阀门B := FALSE;
18  |    "输出数据块".搅拌电动机 := TRUE;
19  |
20 ⊟    "IEC_Timer_0_DB_2".TON(IN:=TRUE,
21  |                          PT:=t#6s,
22  |                          Q=>"中间数据块".搅拌电机输出,
23  |                          ET=>"中间数据块".搅拌电机时间);
24  |
25 ⊟    IF "中间数据块".搅拌电机输出=TRUE THEN
26  |         "中间数据块".中间状态3 := TRUE;
27  |         "中间数据块".中间状态2 := FALSE;
28  |    END_IF;
29  |END_IF;
```

图 5-97   两种液体混合装置控制程序 2

```
30
31 ⊟IF "中间数据块".中间状态3 = TRUE
32  THEN
33
34
35     "输出数据块".搅拌电动机 := FALSE;
36     "输出数据块".阀门C := TRUE;
37 ⊟   IF "输入数据块".低液位检测 = FALSE THEN
38 ⊟       "IEC_Timer_0_DB".TON(IN := TRUE,
39                             PT := t#3s,
40                             Q => "中间数据块".释放输出,
41                             ET => "中间数据块".释放时间);
42
43 ⊟       IF "中间数据块".释放输出=TRUE THEN
44             "中间数据块".中间状态4 := TRUE;
45             "中间数据块".中间状态3 := FALSE
46             ;
47         END_IF;
48
49     END_IF;
50
51 END_IF;
```

图 5-98　两种液体混合装置控制程序 3

```
53 ⊟IF   "中间数据块".中间状态4=TRUE THEN
54     RESET_TIMER("IEC_Timer_0_DB");
55     RESET_TIMER("IEC_Timer_0_DB_2");
56     "中间数据块".中间状态4 := FALSE ;
57     "输出数据块".阀门C := FALSE;
58 ⊟   IF "Tag_1" = FALSE THEN
59         // Statement section IF
60         "中间数据块".中间状态5 := FALSE;
61     END_IF;
62 ⊟   IF "Tag_1" = TRUE THEN
63         // Statement section IF
64         "中间数据块".中间状态5 := TRUE;
65     END_IF;
66
67 END_IF;
```

图 5-99　两种液体混合装置控制程序 4

5.5.3.5　调试运行界面

两种液体混合装置控制调试运行界面如图 5-100 所示。

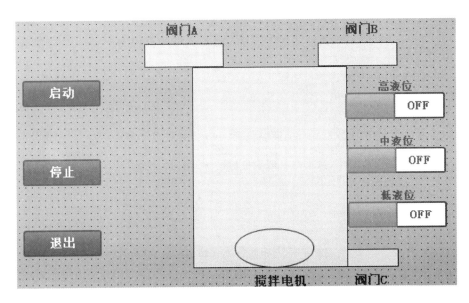

图 5-100   两种液体混合装置控制调试运行界面

任务 5.6   置复位编程

5.6.1   置复位编程基础知识

根据顺序功能图来设计梯形图时，可以用辅助继电器 M 来代表步。某一步为活动步时，对应的辅助继电器为 ON。

图 5-101 显示了使用置位复位指令的编程方法的顺序功能图与梯形图的对应关系。实现图中 I1.1 对应的转换需要同时满足两个条件，即该转换的前级步是活动步（M1 为 ON）和满足转换条件（I1.1 为 ON）。在梯形图中，用 M1.1 和 I1.1 的常开触点组成的串联电路来表示上述条件。

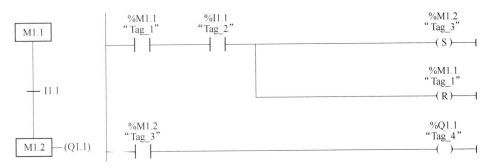

图 5-101   转换的同步实现

该电路接通时，两个条件同时满足，此时应完成两个操作，即置位 M2（将该转换的后续步 M2 置位为活动步），以及复位 M1（将该转换的前级步 M1 复位为不活动步）。

这种编程方法又称为以转换为中心的编程方法，这种编程方法与转换实现的基本规则之间有着严格的对应关系，用它编制复杂的顺序功能图的梯形图时，更能显示出它的优越性。

置复位编程同样可完成单流程、选择性分支、并行分支的编写。

5.6.2　置复位编程：深孔钻控制

5.6.2.1　控制要求

细长孔钻削到一定深度时，由于加工生成的金属屑不易排出，可能会折断钻头，一般采用分级进给法来加工细长孔：削到一定深度后，刀具退出工件，排出孔中的金属屑；当钻头快速进给至接近上次加工结束时，由快进转为工进；这样多次，直至加工结束。

5.6.2.2　硬件结构图

深孔钻控制硬件结构如图 5-102 所示。

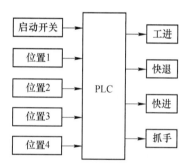

图 5-102　深孔钻控制硬件结构

5.6.2.3　PLC 变量表

PLC 输入变量表见表 5-28。

表 5-28　PLC 输入变量表

名　　称	相对地址	数据类型
启动开关	DB1. DBX0. 4	Bool
位置 1	DB1. DBX0. 0	Bool
位置 2	DB1. DBX0. 1	Bool
位置 3	DB1. DBX0. 2	Bool
位置 4	DB1. DBX0. 3	Bool

PLC 输出变量表见表 5-29。

表 5-29　PLC 输出变量表

名　　称	相对地址	数据类型
工进	DB2. DBX0. 7	Bool
快退	DB2. DBX1. 0	Bool

名 称	相对地址	数据类型
快进	DB2. DBX1. 1	Bool
抓手	DB2. DBX1. 2	Bool

5.6.2.4 控制实现

根据深孔钻控制要求，结合 5.6.1 置复位编程基础知识，建立控制部分，如图 5-103 所示。

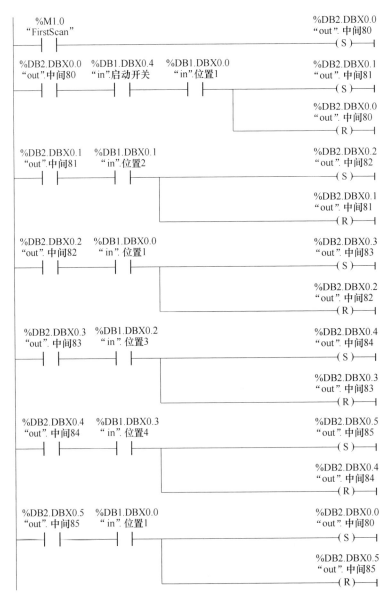

图 5-103 深孔钻控制程序 1

建立深孔钻控制输出部分，注意避免出现双线圈问题，如图 5-104 所示。

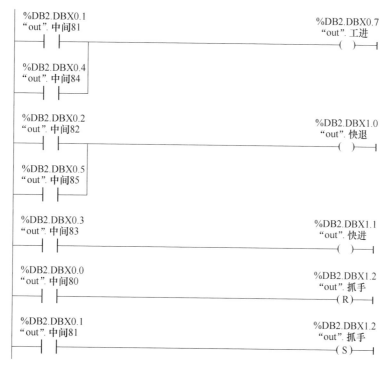

图 5-104　深孔钻控制程序 2

5.6.2.5　调试运行界面

深孔钻控制调试运行界面如图 5-105 所示。

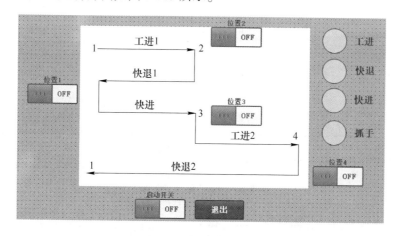

图 5-105　深孔钻控制调试运行界面

5.6.3　置复位编程：剪板机控制

5.6.3.1　控制要求

按下启动按钮，首先板料右行至右限位开关，停止右行。然后压钳下行，压紧板料后，压力继电器接通，剪刀开始下行。剪断板料后下限位开关接通，压钳和剪刀开始上行，它们分别碰到各自的上限位开关后，分别各自停止上行，均停止后，又开始下一周期的工作。

5.6.3.2　硬件结构图

剪板机控制硬件结构如图 5-106 所示。

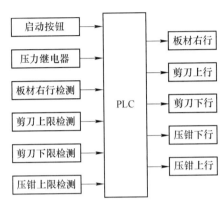

图 5-106　剪板机控制硬件结构

5.6.3.3　PLC 变量表

PLC 输入变量表见表 5-30。

表 5-30　PLC 输入变量表

名　　称	相对地址	数据类型
启停控制	DB1. DBX0. 0	Bool
压力继电器	DB1. DBX0. 4	Bool
板材右行检测	DB1. DBX0. 3	Bool
剪刀上限检测	DB1. DBX0. 1	Bool
剪刀下限检测	DB1. DBX0. 5	Bool
压钳上限检测	DB1. DBX0. 2	Bool

PLC 输出变量表见表 5-31。

表 5-31　PLC 输出变量表

名　　称	相对地址	数据类型
板材右行	DB2. DBX0. 0	Bool
剪刀上行	DB2. DBX0. 4	Bool
剪刀下行	DB2. DBX0. 3	Bool
压钳下行	DB2. DBX0. 1	Bool
压钳上行	DB2. DBX0. 2	Bool

5.6.3.4　控制实现

根据剪板机控制要求，结合 5.6.1 置复位编程基础知识，实现剪板机控制控制，如图 5-107～图 5-111 所示。

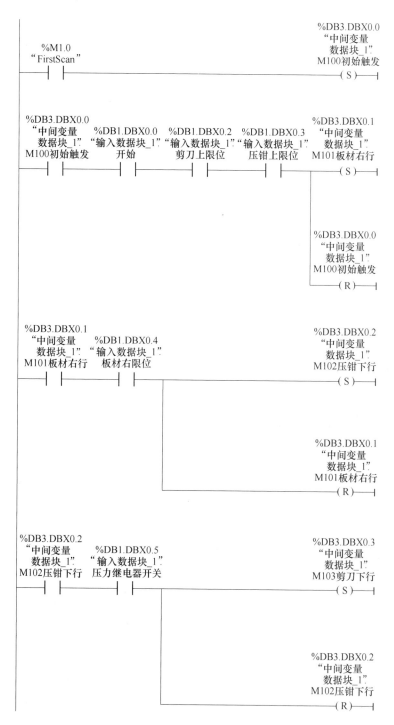

图 5-107　剪板机控制程序 1

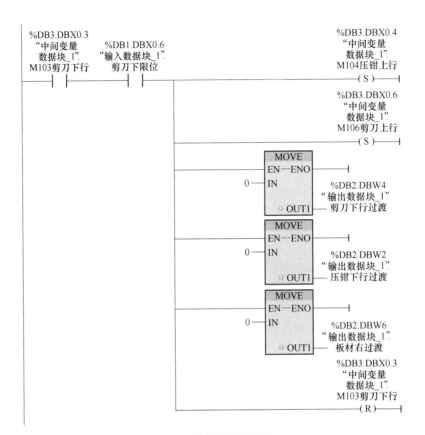

图 5-108　剪板机控制程序 2

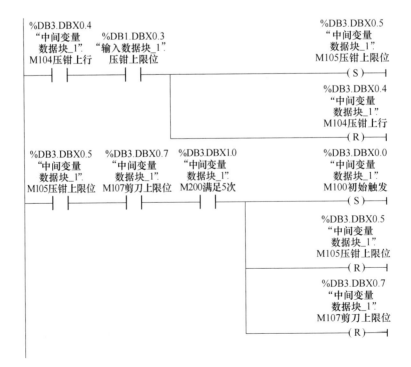

图 5-109　剪板机控制程序 3

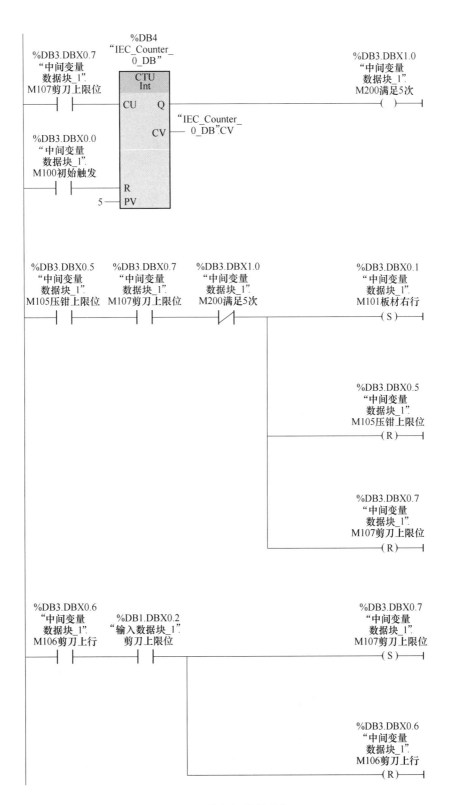

图 5-110 剪板机控制程序 4

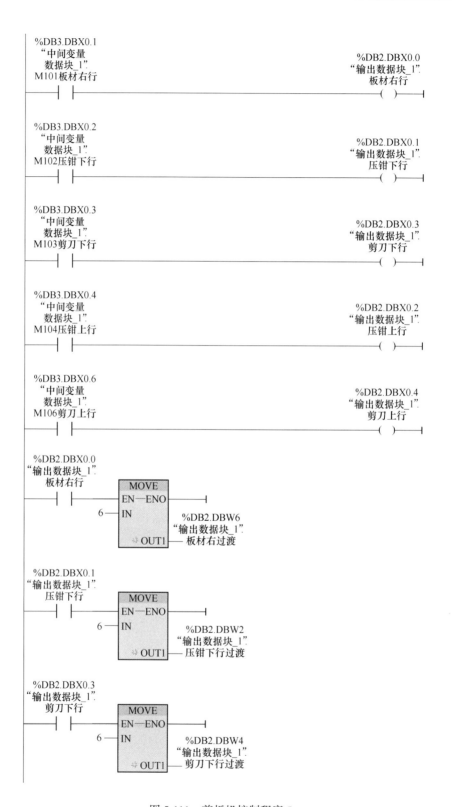

图 5-111　剪板机控制程序 5

5.6.3.5 调试运行界面

剪板机控制调试运行界面如图 5-112 所示。

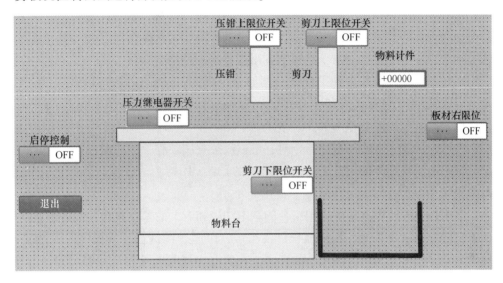

图 5-112 剪板机控制调试运行界面

任务 5.7 软件指令编程

5.7.1 软件指令编程基础知识

一般的逻辑控制系统用软继电器、定时器和计数器及基本指令就可以实现。利用功能指令（也称为应用指令）可以开发出更复杂的控制系统。这些功能指令实际上是厂商为满足各种用户的特殊需求而开发的通用子程序，用于数据的传送、运算、变换及程序控制等功能。功能指令的丰富程度及其使用的方便程度是衡量 PLC 性能的一个重要指标。西门子 S7-1200 1500 PLC 功能指令很丰富，大致包括：数据传送、数据比较、算术与逻辑运算、移位与循环移位、数据格式变换、高速处理、通信以及实时时钟等若干类应用指令。

应用指令可以分为下面几种类型：

（1）较常用的指令。例如数据的传送与比较、数学运算、跳转、子程序调用和返回等指令。

（2）与数据的基本操作有关的指令。例如字逻辑运算数据的移位、循环移位和数据的转换等。

（3）与 PLC 的高级应用有关的指令。例如与中断、高速计数、位置控制、闭环控制和通信有关的指令，有的涉及一些专业知识，可能需要阅读相关的书籍或教材才能正确地理解和使用它们。

（4）方便指令与外部 I/O 设备指令。它们与 PLC 的硬件和通信等有关，有的指令用于相当特殊的场合，如旋转工作合指令，绝大多数用户几乎不会用到它们。

（5）用于实现人机对话的指令。它们用于数字的输入和显示，使用这类指令时往往需要用户自制硬件电路板，不但操作复杂，也很难保证可靠性，且功能有限。目前文本显示器和小型触摸屏的价格已经相当便宜，故这类指令的实用价值已经不大。本书也仅简单提到这类指令，读者了解这类指令也属于应用指令的一种类型即可。

应用指令的使用涉及很多细节问题，例如指令中的每个操作数可以指定的软元件类型、是否可以使用 32 位操作数和脉冲执行方式、适用的 PLC 型号、对标志位的影响、是否有变址功能等。PLC 的初学者暂无需花费较多的时间去深入了解应用指令使用中的细节，更无需死记硬背。在使用应用指令时，可以通过查阅编程手册或编程软件中有关指令的帮助信息快速了解详细使用方法。初学时大致了解应用指令的分类、名称和基本功能，知道有哪些应用指令可供使用即可。

学习应用指令时应重点了解应用指令的基本功能和有关的基本概念，最好带着问题和编程任务学习。与学习其他计算机编程语言类似，应通过读例程、编程序，用 PLC 或仿真软件调试程序逐渐加深对应用指令的理解，在实践中提高阅读程序和编写程序的能力。仅仅阅读编程手册中或教材中应用指令有关的信息，是永远掌握不了指令的使用方法的。

5.7.2   软件指令编程：数学运算

5.7.2.1   控制要求

数学运算指令是对存储器数据进行的四则运算、函数运算处理，一般以字或双字的形式进行，数据可以是整数、浮点数。

5.7.2.2   硬件结构图

数学运算硬件结构如图 5-113 所示。

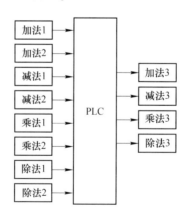

图 5-113   数学运算硬件结构

5.7.2.3   PLC 变量表

PLC 输入变量表见表 5-32。

表 5-32 PLC 输入变量表

名　称	相对地址	数据类型
加法 1	DB1. DBW0	Int
加法 2	DB1. DBW2	Int
减法 1	DB1. DBW6	Int
减法 2	DB1. DBW8	Int
乘法 1	DB1. DBW12	Int
乘法 2	DB1. DBW14	Int
除法 1	DB1. DBW18	Int
除法 2	DB1. DBW20	Int

PLC 输出变量表见表 5-33。

表 5-33 PLC 输出变量表

名　称	相对地址	数据类型
加法 3	DB1. DBW4	Int
减法 3	DB1. DBW10	Int
乘法 3	DB1. DBW16	Int
除法 3	DB1. DBW22	Int

5.7.2.4 控制实现

将软件指令中的加（ADD）、减（SUB）、乘（MUL）、除（DIV）指令放置程序中，关联变量。以加（ADD）指令为例，如果对 EN 进行使能，则将执行"加"指令。将操作数 DB1. DBW0 的值与操作数 DB1. DBW2 的值相加，相加的结果存储在操作数 DB1. DBW4 中。加（ADD）指令示意图如图 5-114 所示。

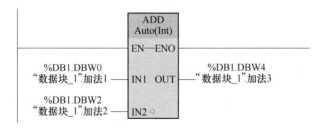

图 5-114　加（ADD）指令示意图

数学运算的程序如图 5-115 所示。

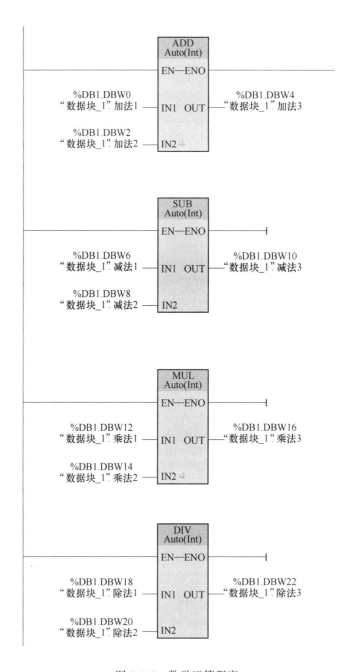

图 5-115　数学运算程序

5.7.2.5　调试运行界面

数学运算调试运行界面如图 5-116 所示。

5.7.3　软件指令编程：霓虹灯控制

5.7.3.1　控制要求

启停按钮按下时，利用循环指令实现彩灯的循环左移和右移。

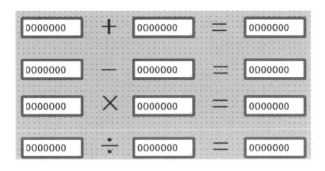

图 5-116 数学运算调试运行界面

5.7.3.2 硬件结构图

霓虹灯控制硬件结构如图 5-117 所示。

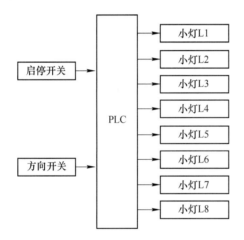

图 5-117 霓虹灯控制硬件结构

5.7.3.3 PLC 变量表

PLC 输入变量表见表 5-34。

表 5-34 PLC 输入变量表

名　称	相对地址	数据类型
启停开关	DB3. DBX0. 0	Bool
方向开关	DB3. DBX0. 1	Bool

PLC 输出变量表见表 5-35。

表 5-35 PLC 输出变量表

名　称	相对地址	数据类型
小灯 L1	DB1. DBB0	Byte
小灯 L2	DB1. DBB1	Byte

续表 5-35

名　　称	相对地址	数据类型
小灯 L3	DB1. DBB2	Byte
小灯 L4	DB1. DBB3	Byte
小灯 L5	DB1. DBB4	Byte
小灯 L6	DB1. DBB5	Byte
小灯 L7	DB1. DBB6	Byte
小灯 L8	DB1. DBB7	Byte

5.7.3.4　控制实现

使用"循环右移"指令将输入 IN 中操作数的内容按位向右循环移位，并在输出 OUT 中查询结果。参数 N 用于指定循环移位中待移动的位数。用移出的位填充因循环移位而空出的位。如果参数 N 的值为"0"，则将输入 IN 的值复制到输出 OUT 的操作数中。如果参数 N 的值大于可用位数，则输入 IN 中的操作数值仍会循环移动指定位数。图 5-118 显示了如何将 DWORD 数据类型操作数的内容向右循环移动 3 位。

图 5-118　循环右移指令示意

可以使用"循环左移"指令将输入 IN 中操作数的内容按位向左循环移位，并在输出 OUT 中查询结果。参数 N 用于指定循环移位中待移动的位数。用移出的位填充因循环移位而空出的位。如果参数 N 的值为"0"，则将输入 IN 的值复制到输出 OUT 的操作数中。如果参数 N 的值大于可用位数，则输入 IN 中的操作数值仍会循环移动指定位数。图 5-119显示了如何将 DWORD 数据类型操作数的内容向左循环移动 3 位。

图 5-119　循环左移指令示意

在本任务中，先进行赋值，如图 5-120 所示。
建立振荡电路，如图 5-121 所示。

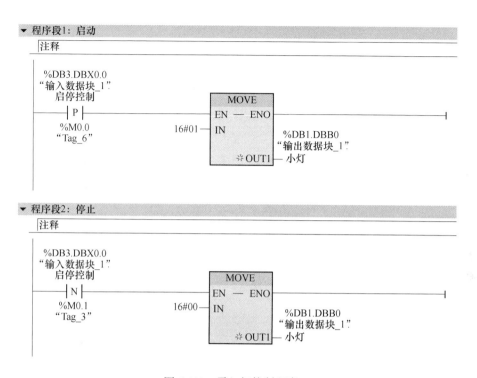

图 5-120 霓虹灯控制程序 1

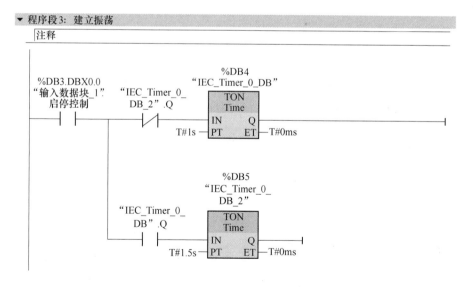

图 5-121 霓虹灯控制程序 2

根据图 5-120 和图 5-121 所示程序，结合循环左移与循环右移指令实现霓虹的方向控制，如图 5-122 所示。

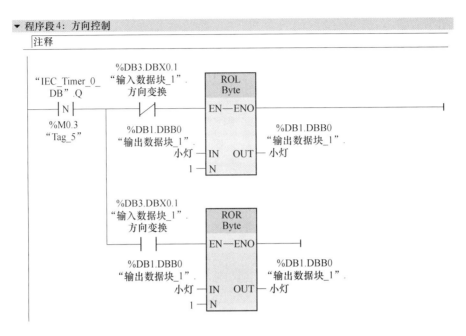

图 5-122 霓虹灯控制程序 3

5.7.3.5 调试运行界面

霓虹灯控制调试运行界面如图 5-123 所示。

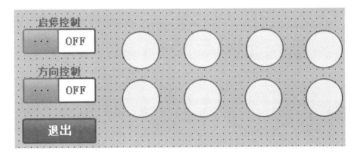

图 5-123 霓虹灯控制调试运行界面

⬛ 思政小课堂

发展是党执政兴国的第一要务。没有坚实的物质技术基础，就不可能全面建成社会主义现代化强国。对于我国，高质量的发展离不开每个人的奋斗。

大国工匠，都有浓烈的家国情怀，将自身与国家发展相融合。他们用辛勤的劳动、精湛的技艺和不懈的进取，为祖国的富强、民族的复兴默默奋斗着，他们贡献力量，创造价值，用辉煌的业绩谱写了一曲又一曲报国的动人赞歌。技能报国，国家富强，需要无数的大国工匠和他们的团队在各自的岗位上，镌刻自己的理想，描摹祖国的梦想。和松云和他的队友们就是这样一群光明的使者，电力线路上的辛勤筑梦人。

在云南省迪庆藏族自治州香格里拉地区，矗立着全国海拔最高的 500kV 超高压输电线路，这也是我国"西电东送"的重要通道。守护这条电力大动脉的工人们，被称为"海拔最高的光明守望者"。

和松云，已有多年的电路巡检工作经历，能驾轻就熟地处理各种电路突发情况。但在平均海拔 3500 多米的迪庆，巡检工作并非易事，山路陡峭、高原反应、大风呼啸、寒冷干燥的多重夹击，使得两个小时的巡查工作变得异常艰难。和松云说，除了自然环境因素，电流对身体的伤害，是最大的挑战。有时为了不影响重要线路正常供电，他们要在不断电的情况下，冲进强电场内，带电检修七八个小时，高空作业和路面巡查双管齐下，更是让他们忙得精疲力竭。

技能，浸润人生。报国，升华人生。大国工匠们无私的奉献精神，化作如丝的春雨，播撒到祖国的每一个角落，为安居乐业、国泰民安画上了浓墨重彩的温暖音符。

习　题

5-1　什么是双线圈问题及解决双线圈方法？

5-2　如何利用 GRAPH 编程实现两种液体的混合装置控制？

5-3　如何利用 SCL 实现小车运动控制？

项目 6   PLC 在实际工程中的应用

在实际的工程控制中进行应用，才是学习 PLC 的最终目的。读者通过前几章的学习，对 PLC 的基本配置、指令系统、程序设计方法等都有了一定的掌握，从而能够运用 PLC 进行实际控制系统的构建。本章将通过实际工程应用实例来阐述控制系统的设计。

任务 6.1   PLC 控制系统的设计要求

只有实现对被控对象的预期控制，才能实现成熟的 PLC 控制系统的设计目的。为达到这一要求，在设计 PLC 控制系统时，设计者至少应遵循以下基本原则：

（1）最大限度地满足控制要求。在设计系统之时，不仅应详细了解被控对象的各项技术指标和要求，还要深入应用现场进行调研，整理并收集相关数据、参数资料，同时也要密切配合工艺师和实际操作人员的各项需求，协同各方的实际情况综合设计系统控制方案，做到心中有数。

（2）保证控制系统的安全可靠。衡量控制系统优劣的核心和关键指标是控制系统是否绝对安全、可靠，这也是生产效率和产品质量的必要保障。为提高系统的安全性、可靠性，应采取"软硬兼施"的办法予以实现，如适当增加外部安全措施，如急停电源等，也可在软件程序上增加互锁程序等。

（3）系统结构力求简单。在追求满足控制要求、增强系统安全可靠性的同时，还应使控制系统操作简便、经济实惠。比如利用 PLC 可通过编程调整的特点，通过更改内部程序来简化外部接线及操作方式，从而替换掉以往使用得较为烦琐的控制方式。

（4）易于扩展和升级。在设计系统时还应为系统后续的更新发展以及设备的升级换代留出空间，因此在 PLC 容量和 I/O 点数的选择上，最好适当留出约 20% 的余量。

（5）人机界面友好。设计 PLC 控制系统的用户界面时，还要尽可能融入并展现以人为本、人机交互的技术思想，要让使用者觉得操作方便，简单易行，容易上手。

任务 6.2   PLC 控制系统的设计内容

PLC 控制系统的设计内容主要包括硬件选型、设计和软件的编程两个方面，基本由以下几部分组成：PLC 控制系统的设计内容主要包括两个方面：一是硬件选型；二是设计以及软件的编程。基本构成部分如下：

（1）拟订控制系统设计的技术条件。常见呈现形式是设计任务书，这是设计整个控制系统的主要依据。

（2）选择外部设备。外部设备包括输入设备和输出设备，该部分应根据控制系统的设计要求进行筛选和确定。

（3）选定 PLC 的型号。作为整个控制系统的最核心、最关键构成部分，只有合理选择使用 PLC，才能更好地确保控制系统的各项技术指标和质量符合要求。

（4）分配 I/O 点。应根据控制系统的设计要求，完成 PLC 的 I/O 地址分配表的编制，以及完成 I/O 端子接线图的绘制。

（5）设计电气屏柜。应根据控制系统的设计要求，完成电气柜、操作台及非标电器部件的设计。

（6）软件编写。控制系统的软件包括 PLC 控制软件和上位机控制软件。PLC 控制软件正式编写前，至少应深入了解系统应完成的动作、自动工作循环的组成、必要的保护和联锁机制情况，以及重点把握控制软件的控制要求和主要控制的基本方法。如果拟编写的控制系统较为复杂，可利用状态图和顺序功能图进行更为全面和综合的分析，必要时也可对控制任务进行结构化或模块化的分解，将控制系统分解为若干独立的部分再进行编程，可将编程和调试工作化繁为简，更易进行。

如果 PLC 控制系统有人机界面，那么也应当重视上位机软件的编制，这是连接系统操作者与控制系统的重要交互方式。良好的人机界面不仅有利于操作者简便操作，操作者也可利用上位机软件制作历史走势图、打印报表、记录数据库和故障警报等，大大提升工作效率。

（7）系统技术文件的编写。完整的系统技术文件包括使用说明、电气原理图、元件明细表、元件排布图、机柜接线图、系统维护手册、上位机软件操作手册、系统安装调试报告等。技术文件的内容非常丰富，对于编写者的要求也较高。

任务 6.3 PLC 控制系统的设计步骤

6.3.1 PLC 控制系统的整体设计

（1）全面掌握被控对象的控制要求和工艺条件。所谓被控对象是指控制系统所要控制的机械、电气设备、生产线或生产过程。控制要求则包括实施控制的基本方式、控制指标、指令动作，以及自动工作循环的组成、控制系统所必需的保护和联锁等。

（2）确定 I/O 设备。系统所需的输入、输出设备应根据被控对象所需 PLC 控制系统的功能要求而定。常用的输入装置包括按钮、行程开关、选配开关和感应器等，常用的输出装置包括继电器、接触器、指示灯、电磁阀和气缸等。

（3）选择合适的 PLC 类型。确定 I/O 装置后，则应统计所需 I/O 信号的点数并选择 PLC 类型，主要包括选择 PLC 机型、容量、I/O 模块、电源模块以及通信模块等。

（4）分配 I/O 点地址。选定 I/O 模块及组态位置后，则应分配 PLC 的 I/O 点地址，完成 I/O 点地址分配表的编制以及输入/输出端子接线图的设计，并同步设计控制柜、操纵台以及现场施工建设。

（5）设计 PLC 程序。按照系统的控制要求和控制流程要求进行 PLC 程序的设计，其中包括故障的报警和处理方式等。这是整个应用系统设计的核心工作。

（6）PLC 程序的下载与调试。完成程序设计后，则需通过编程电缆将 PLC 程序下载入 CPU。考虑到编写程序过程中难免存在疏漏，PLC 程序下载后，一定要先进行软件测试，测试后再将 PLC 连接到现场设备上。对于比较大的 PLC 程序，最好针对性地编写测试程序，分段对各个功能进行程序测试。

（7）上位机软件的编程与调试。设计 PLC 控制系统时，也要充分重视上位机监控软件的编程和调试。编程人员根据 PLC 的 I/O 点地址分配表对上位机软件的地址分配表进行定义，对上位机软件进行设计，并根据系统的控制要求对操作界面进行绘制。

（8）整个应用系统联调。整个应用系统的联合调试可以在现场施工完成、控制柜布线结束、PLC 程序调试通过、上位机软件编程完成的情况下进行。调试过程中应注意，首先要将主回路脱开，调试控制回路。其次，如控制回路调试正常，再行调试主回路。再次，如果控制系统是由几个部件组成的，那么就要先对每个部件进行调试，再对整个部件进行调试。最后，系统联调时，应尽量将可能出现的故障情况全部测试出来，以保证控制系统的可靠性，而不是只做正常控制过程的调试。

（9）编制技术文件。技术文件是控制系统不可或缺的重要组成部分，是用户在后续使用、运行以及维护控制系统的基础，也是整个控制系统进行档案保存的重要资料，应编制完备。

上述内容介绍了 PLC 控制系统设计的一般步骤。在实际设计和编制时，可根据控制系统的规模大小、控制过程的繁简程度等，酌情增加或减少控制过程的数量。

PLC 控制系统设计流程图如图 6-1 所示。

6.3.2　PLC 控制系统的硬件设计

6.3.2.1　PLC 控制系统的设计

选择 PLC 控制系统类型时，应在满足操控要求的基础上，选择性价比最优的类型，具体而言，至少应考虑以下几点。

A　性能与任务相适应

对于开关量控制的应用系统，如果对控制速度要求不高，比如仅需进行小型泵的顺序控制、单机的自动化控制等，可选用小型 PLC（如西门子 S7-200 系列的 PLC 或 OMRON C 系列 P 型机、CPM 型 PLC）。

对于以开关量控制为主、带有部分模拟量控制的应用系统，如工业生产中常遇到的温度、压力、流量、液位等连续量的控制，应选用带有模/数转换的模拟量输入模块和带数/模转换的模拟量输出模块，配以相应的传感器、变送器（温度模块可选用温度传感器直接输入的温度模块）和驱动装置，并选用操作功能较强的中型 PLC，如西门子公司 S7-300 系列的 PLC 或 OMRON 公司的 CQM1 型 PLC 等。

而对于比较复杂的大中型控制系统，如闭环控制、PID 调节、通信联网等，则最好选用大、中型 PLC（如西门子公司 S7-400 系列的 PLC 或 OMRON 公司的 C200HE/C200HC/C200HX、CV/CCM1 等）。对于各控制对象分布在不同地域的控制系统，在选择 PLC 和远程 I/O 模块时，则应针对性地考量各部分的具体要求，组成分散式控制系统或远程控制系统。

B　能够实时控制 PLC 的处理速度

一般的工业控制中，往往会允许 PLC 工作时存在的从输入信号到输出控制方面的滞

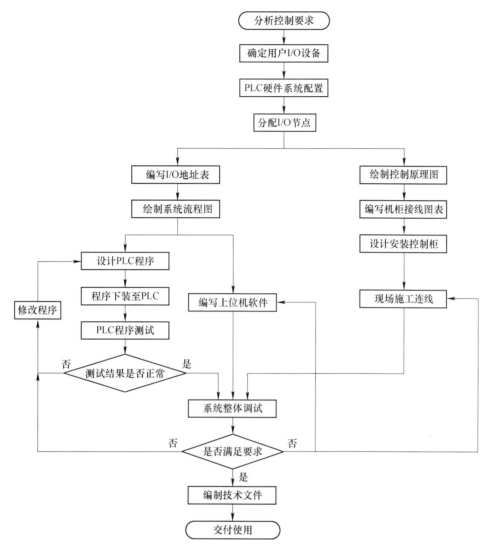

图 6-1 PLC 控制系统设计流程图

后现象，即通常在 1~2 个扫描周期后才能在输出端反映出输入量的变化。但是，对于实时性要求较高的设备，则不能出现滞后时间过大的情况。比如，当 PLC 的 V0 点数在几十点到上千点范围内时，系统影响速度的快慢会较大程度上影响用户应用程序的长短。一般情况下，要求将滞后时间控制在数十毫秒内，且比普通继电器的动作时间（约为 100ms）要短。通常可采用以下几种方法来提高 PLC 的处理速度：

（1）选用 CPU 处理速度快的 PLC，将执行一条基本指令的时间缩短至不超过 0.5μs；

（2）优化应用软件，缩短扫描周期；

（3）采用响应速度快点模块，如高速计数模块，响应时间只受硬件延时的影响，而与 PLC 扫描周期无关。

C 使用结构合理、机型系列统一的 PLC 应用系统

PLC 的结构分为两种：一种是整体式的；另一种是模块式的。整体式结构系统中，

PLC 的 I/O 与 CPU 被放在同一块印制电路板上，无需插接环节，体积小，价格较模块式更为便宜，成本较低，适用于工艺过程更稳定、控制要求更简单的系统；而模块式结构较整体式结构更为方便灵活，包括 PLC 的功能扩展、I/O 点数的增加和减少、输入和输出点数的比例等各方面，而且模块的维修更换和故障的判断处理故障都更为快速方便，因此模块式结构适用于工艺过程变化更多、控制要求更为复杂的系统。

使用 PLC 结构时，应具体情况具体分析，选择最为合适的应用系统。同一个单位或企业里最好使用同一系列的 PLC，不仅能够增强模块通用性、减少备件量，也更便于对应用系统进行编程和维护、扩展和升级。

D　在线编程和离线编程的选择

简易编程器一般用于小型 PLC。它必须插在 PLC 上才能进行编程操作，其特点是编程器与 PLC 共用一个 CPU，编程器上有"运行/监控/编程（run/montor/pro-gram）"选择开关。在需要编程或修改程序时，由于 PLC 的 CPU 不执行用户程序、只服务于编程器，将选择开关转到"编程（Programming，PROGRAM）"的位置，这就是"离线编程"。当程序编好后，将选择开关转到"运行（run）"的位置，CPU 就会执行用户程序，控制系统。结构简单、体积小巧、便于携带的简易编程器，非常适合在制作现场进行程序的调试和修改。

在线编程可以通过图形编程器或个人电脑配合编程软件包来实现。PLC 和图形编程器各自拥有自己的 CPU，编程器的 CPU 可以随时处理键盘输入的各种编程指令，而 PLC 的 CPU 主要进行对现场的控制，并与编程器在一个扫描期的最后进行通讯，编程器会向 PLC 发送编好的或修改过的程序，而 PLC 在下一个扫描期就会根据修改过的程序或参数进行控制，从而实现"在线编程"。

虽然图形编程器价格昂贵，但其功能强大、适配范围广，既能用指令语句编程序，又能直接编出图形。目前在线编程更多的是使用个人计算机，将图形编程器替换为编程软件包，它的功能基本与图形编程器类似。

6.3.2.2　PLC 容量的设计

PLC 容量包括两个方面：I/O 点数和用户存储器的容量。

A　I/O 点数的估算

考虑到受控对象输入信号和输出信号的总点数以及后续的调整和扩展需要，正常在估算 I/O 点数时需额外增加 10%～15% 的备用容量。

B　用户存储器容量的估算

用户应用程序占用内存的大小与 I/O 点数、控制要求、运算处理量、程序结构等诸多因素有关，所以只能在程序设计前进行大致的估算。依据经验法则，可暂定各 I/O 点及相关功能器件占用内存量如下所述。

（1）开关量输入：所需存储器字数=输入点数×10。

（2）开关量输出：所需存储器字数=输出点数×8。

（3）定时器/计数器：所需存储器字数=定时器/计数器数量×2。

（4）模拟量：所需存储器字数=模拟量通道数量×100。

（5）通信接口：所需存储器字数=接口数量×300。

（6）根据存储器的总字数再加上一定的备用量。

（7）作为一般应用的经验公式是所需存储器容量（KB）＝（1～1.25）×（DI×10＋DO×8＋AI/AO×100＋CP×300)/1024。其中，DI 为开关量输入总点数，DO 为开关量输出总点数。

（8）AI/AO 为模拟量 I/O 通道总数。

（9）CP 为通信接口总数。

C　I/O 模块的选择

a　开关量输入模块的选择

PLC 的输入模块的任务是检测来自现场的高电平信号（如按钮、行程开关、温控开关、压力开关等），并将检测到的高电平信号转换为 PLC 内部的低电平信号。

按输入点数分常用的有 8 点、12 点、16 点、32 点等。

按工作电压分常用的有直流 5V、12V、24V，交流 110V、220V 等。

在选择输入模块时，主要考虑以下两项因素。

输入模块的电压高低是根据现场输入信号（如按钮、行程开关等）与 PLC 输入模块的远近距离来定。一般来说，24V 以下的低电平适用于传输距离不太远的设备，比如距离不超过 10m 时，可选用 12V 电压模块。对于距离较远的设备，则选用较高电压的模块更为可靠。

对于密度较大的输入模块（如 32 点输入模块）能允许同时接通的点数则取决于输入电压和环境温度。一般情况下，同一时间内连线的点数以不超过录入点数总和的 60%为宜。

b　开关量输出模块的选择

输出模块的任务是将低电平信号转换为高电平信号，具体是将 PLC 内部的低电平控制信号转换成外部所需电平的输出信号，从而带动外部负载。输出模块有继电器、双向晶闸管、晶体管三种。选择输出模块时至少应注意以下三个方面：

一是输出方式。三种输出方式各有利弊。继电器胜在输出价格成本较低，使用电压范围较广，导通压降小，具有较强的瞬时电压和电流的承受能力，同时具有隔离作用。但继电器的弊端为有触点，寿命短，响应速度慢，因此仅适用于动作不频繁的交直流负载，如用于驱动电感性负载时要求最大开关频率不超过 1Hz。双向晶闸管输出（交流）与晶体管输出（直流）由于无触点，适用于频繁通断的感性负载。由于感性负载在断开的瞬间会产生很高的反压，因此必须采取并联阻容吸收电路等抑制措施。

二是输出电流。应注意模块的输出电流必须大于负载电流的额定值，当负载电流较大导致无法直接驱动输出模块时，则有必要增加中间放大电流的环节。考虑到电容性负载、热敏电阻负载在接通时会产生冲击电流，因此还要留足输出电流余量。

三是同时接通的输出点数。选用输出模块时要保证输出模块同时接通点数的总电流值不超过模块规定的最大允许电流，因此不能只看某一个输出点的驱动能力，还应兼顾整个输出模块的满载负荷能力。

c　特殊功能模块的选择

工业控制中，除控制开关量信号外，还必须检测和控制过程变量，如温度、压力、液位、流量等，先将过程变量转换为 PLC 可以接收的数字信号、再转换成模拟信号输出，此时要用到模拟量输入、模拟量输出和温度控制模块。此外，还有一些特殊情况，如步进控制、变速计数以及通信、联网等。连接外围设备时往往要用到专用接口模块，如传感器模块、凸轮模块、PID 模块等。专用模块拥有各自的 CPU、存储器，从而可在 PLC 的管理和协调下，对特殊任务进行独立处理，这不仅使 PLC 的功能更加完善，同时也可以为 PLC 减轻负担，提高处理速度。

D　通道分配

一般情况下，输入点与输入信号对应，输出点与输出装置对应。在设计程序时，应先进行通道分配，即将每一个输入信号和输出信号按系统配置的通道与触点号进行分配。有时也会出现一个输入点分配两个信号的个别情况，那么应当先按逻辑关系接好线（如两个触点先串联或并联），然后再接上输入点。

a　明确 I/O 通道范围

确定输入/输出通道的范围时切忌"张冠李戴"，应查阅相应的编程手册，针对不同型号的 PLC 确定各自的输入/输出通道范围。

b　内部辅助继电器

内部辅助继电器和数据存储器的功能相当于传统电控柜中的中间继电器。因此，内部辅助继电器在控制其他继电器、定时器/计数器时起到数据存储或数据处理的作用，而不直接对外输出，也不直接与外部器件连接。PLC 的内部辅助继电器和数据存储器应按照程序设计的要求进行合理安排，且在设计说明书中应详细列示程序中各内部辅助继电器和数据存储器的用途和使用情况，防止发生重复使用。

c　分配定时器/计数器

定时器/计数器在程序中使用的编号应注意实时调整，不能一成不变。在长时间扫描的情况下，为了保证计时准确，最好使用高速定时器。

d　数据存储器

在经常需要使用以通道为单位的数据的场合，如数据存储、数据转换以及数据运算等，使用数据存储器就比较方便。使用数据存储器的好处还包括在 PLC 断电、运行开始或停止的情况下，数据存储器中的内容仍保持不变、不会丢失或被改变。如上所述，数据存储器应按照程序设计的要求进行合理安排，且在设计说明书中应详细列示数据存储器通道的用途，防止发生重复使用。

6.3.2.3　PLC 容量外部接线设计

PLC 外部接线可按手册规定在 PLC 选型和通道分配结束后绘制，主要包括以下内容。

A　电源

PLC 通常使用允许有一定波动的 220V 交流电源，但在输入端配置 1∶1 隔离变压器（若电网电压过高，出于安全考虑可取 1∶0.9）时，应使用独立的断路器，以提高系统可靠性。

B　接地

大部分情况下，可不对 PLC 做接地处理，但如条件允许尽量还是设计好接地线路，这也是 PLC 控制系统实际应用中抑制干扰、提高系统可靠性的主要有效方法。尤其是在系统设计时正确将接地和屏蔽结合使用，那么大多数干扰问题都能迎刃而解。

一般情况下，基于保证接地质量的考虑，应设置 PLC 控制系统可独立接地且接地电阻不超过 40Ω；如确难以达到该电阻要求，也可与弱电系统共地。在噪声较大时，可将噪声滤波端与接地端短接。

C　输入

PLC 可以连接有触点和电流式输入装置，但不可以连接电压式输入装置。在设计 I/O 接线时，应对所有输入设备的兼容性进行检查，还应仔细考量漏电流的影响及负荷感应电动势的影响。

D　输出

在晶体管或双向晶闸管输出型 PLC 接上负载后，如图 6-2 所示，当有较大漏电流可能引起设备的误动作时，就需要将一个旁路电阻并联在负载的两端。

为吸收负载产生的反电动势，当感性负载连到 PLC 输出端时，就要增加电涌抑制器或二极管，如图 6-3 所示。其中，二极管必须承受 3 倍的负载电压，并且允许平均 1A 电流的流过。当负载电压为 220V 时，阻容吸收装置中 $R=50\Omega$，$C=0.47\mu F$。

设计时还应充分重视易引起伤害事故的负载，不仅要在 PLC 的控制程序中考虑该点，在 PLC 之外，还要设计急停电路，设置事故开关、紧急停车装置等，这样就能够在发生设备故障时能够将引起事故的负载电源被及时切断，尽可能地减小设备故障导致的损失。

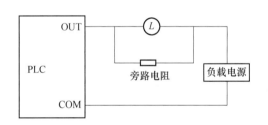

图 6-2　负载并联旁路电阻

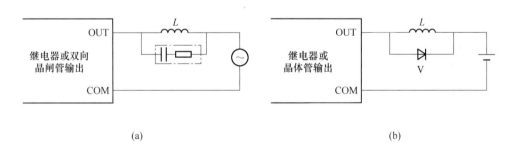

(a)　　　　　　　　　　　　　　(b)

图 6-3　感性负载输出

(a) 继电器或双向晶闸管输出；(b) 继电器或晶体管输出

6.3.2.4　PLC 硬件设计演示

以"两种液体混合装置控制"为例，在实际生产过程中，硬件中的主机采用西门子 PLCS7-1200 来控制，其具有可靠、易操作、灵活、功能强等优点，可适用于多种应用。由于西门子 PLCS7-1200 具有相当优秀的可扩展性，其通信接口符合工业通信最高要求，以及全面的集成工艺功能，因此它可以在完整的综合自动化解决方案中可以作为一个高度集成的组件存在。具体型号为 1214C DC/DC/DC，1214C 拥有 8 个可扩展 I/O 模块，满足项目要求。电路中通过自复位按钮（SB）负责启停，液位控制开关（SL）负责检测液位低中高检测，交流接触器（KM）控制负责搅拌的三相交流异步电动机（M1），中间继电器（KA）间接控制负责液体流出的电磁阀（YV），在电路中加入热继电器（FR）、熔断器（FU）起到保护作用。表 6-1 为液体搅拌机 PLC 变量分配表，图 6-4 为两种液体混合装置控制电路原理。

表 6-1　液体搅拌机 PLC 变量分配表

类　别	PLC 变量	功能说明	原件标号
输入	%I0.0	启动	SB1
	%I0.1	停止	SB2
	%I0.2	低液位传检测	SL1
	%I0.3	中液位传检测	SL2
	%I0.4	高液位传检测	SL3
输出	%Q0.0	阀门 A	KA1
	%Q0.1	阀门 B	KA2
	%Q0.2	搅拌电动机	KM
	%Q0.3	阀门 C	KA3

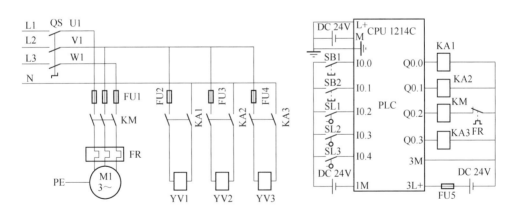

图 6-4　两种液体混合装置控制电路原理

6.3.3　PLC 控制系统的软件设计

与上文介绍的硬件设计相对应，所谓软件设计，是指按照 PLC 系统硬件结构及生产工艺之要求，运用相应编程语言，编制实际可运行的应用程序，同时也要形成程序说明文件。

6.3.3.1　程序设计前的准备工作

（1）了解系统概况，形成整体概念。这一步是为了对整个控制系统进行全面了解，包括了解控制系统的全部功能、控制规模、控制方式、输入和输出信号的种类和数量、特殊功能接口情况、与其他设备的关系、通信内容和方式等。只有对整个控制系统有了全面充分了解，才能真正理解各种控制设备之间的相互联系，由此编制的程序才不会无法实际运行、过于想当然。

（2）熟悉被控对象，使程序设计有的放矢。这一步是要求根据控制功能及控制要求进行分类，确定输入信号探测设备、控制设备、输出信号控制装置的具体情况，且对每一个探测信号和控制信号的形式、作用、大小、它们之间的关系等进行深入细致的了解，并对以后可能出现的问题进行有预见性的预测，从而使程序设计有章可循。

除了熟悉被控对象，也要认真吸收学习前人在设计程序时的经验教训，并总结出针对不同问题的解决方法。简而言之，为了尽可能得心应手、顺利进行程序设计，那么就要求提前掌握足够多的信息和资料，并对相关问题进行深入全面的思考，做好充分的准备。

（3）充分地利用各种软件编程环境。目前主流 PLC 产品都配置了诸如 Siemens 的 STEP7、Omron 的 CX-P 软件等功能强大的编程环境，能够在很大程度上降低软件编写的工作强度，提高编程效率和质量。

6.3.3.2　程序框图设计

程序框图设计工作主要是将用户程序的基本结构、程序设计标准、结构框图等根据控制系统的具体情况确定下来，再将各功能单元的详细功能框图按流程要求绘制出来。一般建议最好区分功能采取模块化方法设计、绘制系统框图，规定框图各自应完成的功能，并绘制框图中各模块内部的详细功能、顺序功能图、状态图。编程的主要依据就是框图，因此框图应尽量做到精确、详尽；对于别人设计的框图，则应设法弄清楚它的设计思路、设计方法。上述工作是为了对整个系统全部的程序设计形成一个整体的思路，为接下来的编程打下一个很好的基础。

以"两种液体混合装置控制"为例，软件要求为：当开始按下启动按钮后，阀门 A 打开，A 液体进入罐体，当液面升至中液位时，低、中液位控制开关闭合，使阀门 A 关闭，阀门 B 打开，B 液体流入容器。当液面升到高液位时，高液位控制开关闭合，使阀门 B 关闭，开始搅拌，经 6s 结束，打开阀门 C，开始释放混合液体。当液面下降到低液位时，低液位控制开关断开，经 3s 后罐体放空，阀门 C 关闭。由此完成自动液体混合搅拌，随后将周期性循环，若在工作期间，按下停止按钮，则等循环周期结束后停止。图 6-5 为两种液体混合装置控制软件设计流程图。

6.3.3.3　编写程序

编写程序是整个程序设计工作的核心部分，即根据设计出来的顺序功能或状态图编写控制程序。

编写程序时，如果要参考借鉴典型的标准程序，一定要读懂相应程序段，避免照搬照用，否则会干扰后续编写工作。编写程序时还要同步编写符号表，并及时对已经编写好的程序进行注释，否则随着编写工作的推进，可能会忘记、弄混符号与程序之间的对应关系。

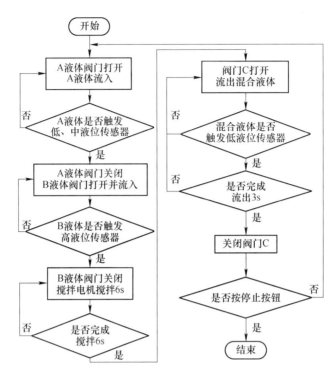

图 6-5　两种液体混合装置控制软件设计流程图

6.3.3.4　程序测试

考虑到初始编写的程序难免存有纰漏和瑕疵，则需要对程序进行离线测试，以尽早发现和消除程序中的错误和缺陷、减轻系统现场调试的工作负担、确保系统在各种正常或异常情况下都能正确响应。在没有对程序进行过调试、排错、修改、模拟运行之前，不能将程序投入正式运行。

对程序进行测试时应重点关注以下问题：

（1）程序能否按设计要求运行；

（2）各种必要的功能是否具备；

（3）发生意外事故时能否做出正确的响应；

（4）能否迅速完全适应现场干扰等环境因素。

程序在经过测试、排错、修改后就基本正确了，下一步可就将程序投入现场试运行，以进一步查看并完善系统整体效果。程序成功运行一段时间后，可认为该系统性能稳定、工作可靠，达到了设计要求，此时就可在 PLC 的 CPU 中安装程序，并开启正式运行。

本文将 PLC1214C 与 KTP700 Basic 作为组态连接，再经博途 V15.1 将组态、软件程序、画面等信息下载到西门子 S7-1200 实体平台，用以太网电缆线将 PLC 与触摸屏连接起来，打开博途监控功能，对触摸屏操作并分析输出状态，结合实际需求及规范，对 A、B 两种液体的注入、搅拌、排出、循环进行设计，实现液体自动搅拌，提高了液体搅拌的生产效率。

PLC 仿真界面如图 6-6 所示。

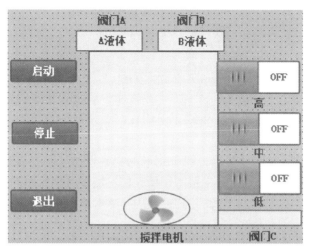

图 6-6　PLC 仿真界面

6.3.3.5　编写程序说明书

程序说明书是针对程序设计的一份全面、综合性说明文件。程序说明书是程序文件的组成部分，一般包括程序设计的基础、程序设计和调试的关键点等，编写目的是为程序的设计者与现场工程技术人员的程序调试和修改工作提供方便。

6.3.4　控制系统的抗干扰设计

PLC 作为工业控制专用计算机，一般放置和工作在工业现场，直接连接被控装置和设备。由于 PLC 本身工作电压低但工作频率高，所以 PLC 系统，尤其输入、输出环节，极易受到现场因素的干扰，甚至引起误动作造成重大的损失。因此在设计 PLC 控制系统时，一定要充分考虑并设置抗干扰性措施，尤其是工业现场的环境条件往往比较恶劣，考虑该点则显得更为重要。

6.3.4.1　抑制公共阻抗耦合干扰的措施

导线的阻抗通常就是耦合阻抗，其大小与导线的敷设有很大关系，在设计电路或系统时应对抗干扰措施优先考虑，抗干扰措施主要有以下几种：

（1）为减少导线的电感，应尽量缩短公共阻抗部分的导线长度、减小来回线间的距离及采用直线布线方式等；

（2）为减小导线的电阻，应尽量增大导线截面、减小接触电阻等；

（3）机柜接地与系统接地分开设置；

（4）实现电位隔离，采用继电器、光耦合器、变压器等电隔离器件。

6.3.4.2　抑制电容性干扰的措施

在设计 PLC 控制系统时，设置干扰源电气参数时应尽可能缩小电压变化幅度和变化速率，并将被干扰系统设计成尽可能小的电阻和较高的信噪比系统，结构紧凑且空间隔离，通过上述方式充分抑制和避免电容性干扰。

（1）为减小耦合电容，配线时应尽量缩短导线、避免平行走线，分别敷设信号线和电源线，并在不同配线槽内布置弱导线和强导线等。

（2）通过电气屏蔽的方式抑制干扰源对电场的干扰作用。

（3）采用对称、平衡的方式连接耦合电容，以抵消耦合的干扰。

6.3.4.3 抑制电感性干扰的措施

为抑制电感性干扰，主要可采取以下三种方法：

（1）将系统各部分之间的电感减少。可通过减少系统各单元耦合部分的间距（主要是电线电缆）缩短导线、避免平行走线、采用双绞线来减少电流回路所围成的面积等方式予以实现。

（2）磁屏蔽干扰对象或干扰源，使干扰电场受到抑制。主要可通过静态磁屏蔽、涡流屏蔽器等方式实现。静态磁屏蔽主要用于低频段，用尽可能封闭的铁磁性外壳将屏蔽对象覆盖起来。涡流屏蔽则主要用于高频段，利用非磁性或弱磁性物质中的涡流效应来屏蔽交变磁场。

（3）通过采用线垂直交叉敷设或双绞线结构等结构平衡措施，尽可能减小耦合的干扰信号，乃至相互抵消。

6.3.4.4 抑制波阻抗耦合干扰的措施

波阻抗耦合包括传导波耦合和辐射波耦合两种形式，可采用不同的抑制措施。对于传导波耦合，一般采用分开敷设强电线与弱电线、使用双绞线或同轴屏蔽电缆等措施加以抑制。对于辐射波干扰，一般采用在干扰源与干扰对象间插入金属屏蔽物的方式加以抑制。

6.3.5 系统调试与检查

PLC 提供了强大的系统调试功能，正确、充分利用这些功能可快速、简便进行系统调试。

6.3.5.1 系统调试步骤

应先按要求正确连接电源、I/O 端子等外部接线，再在 PLC 上下载编写好的程序，并将其调试为监控或运行状态。

系统调试流程如图 6-7 所示。

6.3.5.2 系统调试方法

（1）单独测试每个现场信号和控制量。一个系统拥有的现场信号和控制量一般不止一个，但每个现场信号和控制量可以人为调试使其逐个单独满足要求。如单个的现场信号和控制量已满足要求的，再行观察 PLC 输出端及相应外部设备的运行是否达到系统要求。如与系统要求不符，应按照先检查外部接线是否正确、再检查程序并修正控制程序中的不当之处的顺序进行调试，直至调试到每一个现场信号和控制量都达到系统要求，才能分别发挥作用。

（2）模拟组合测试现场信号和控制量。除了使得每个现场信号和控制量满足要求外，也可人为地组合两个或多个现场信号和控制量并使其同时满足要求，继而观察 PLC 输出端及外部设备的运行是否达到系统要求。如与系统要求不符的，基本上是存在程序问题，则应仔细检查并修改，直到组合的现场信号和控制量均满足系统要求。

（3）整个系统综合调试。综合调试旨在确认当按照实际控制要求模拟运行现场信号和控制量时，整个系统的运行状态和性能是否符合系统的控制要求。如果运行状态达不到

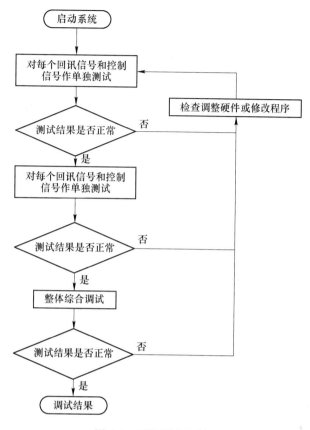

图 6-7   系统调试流程

要求，基本上是控制程序出现问题，要对控制程序进行认真的检查和修改。而如果性能指标达不到要求，则要从软硬件两方面分析并调整，寻找解决之道，使系统符合调控要求。

★ 思政小课堂

"一丝不苟"出自典籍《儒林外史》，是指做事兢兢业业，十分细致、认真，连细微之处都不敢有半点马虎。一丝不苟，是通向卓越之路的坚定态度，主要体现在始终严格遵循工作规范和质量标准层面，认认真真做事，踏踏实实工作，将每一个操作要求和工作步骤都执行到位，不放过任何一个细节之处，确保操作结果符合、甚至超过标准，没有瑕疵，不留缺憾。

港珠澳大桥于 2018 年 10 月 23 日在这一天正式通车，这正是被外媒誉为"新世纪七大奇迹之一"的"一桥连三地"世纪工程。这一特大工程的建设者之一，就是中交一航局第二工程有限公司管延安。33 节巨型沉管，60 多万颗螺钉，他的执着和认真，助他创下了 5 年零失误的深海建造奇迹，他也因此被誉为中国"深海钳工"第一人。

港珠澳大桥海底隧道由 33 根每根标准长度为 180m 的沉管连接而成，其水平面积与 10 个篮球场面积之和相当。在 12m 深的海底实现厘米级精确对接的超级沉管，其难度系数在业界看来丝毫不逊于"神九"对接"天宫一号"。他之所以能够有今天这样的技术水平和工作成就，得益于他一丝不苟的工作态度，几年如一日的专注付出，慢工出细活的执着追求，成就了一个平凡岗位上的伟大楷模。

习　题

6-1　简述 PLC 控制系统的硬件设计过程。

6-2　简述 PLC 控制系统的软件设计过程。

项目 7　S7-1200/1500 PLC 应用案例

任务 7.1　硬件开发平台基本介绍

平台由西门子标准控制屏、西门子 S7-1200 CPU1214C DC/DC/DC PLC 单元、西门子 SINAMICS G120 变频器单元、西门子 KTP 700 彩色触摸屏单元、西门子 SCALANCE XB005 工业以太网交换机单元、皮带传送及检测实物单元、按钮及指示灯单元，平台由多功能操作控制屏、可编程序控制器及外围线路、变频器及外围线路、触摸屏及外围机构、工业以太网交换机及固定机构、所有单元模块均可安装在西门子标准控制屏上。

平台可培养学生掌握 PLC 原理、编程方法、编程技巧、变频调速、触摸屏技术、直流电机控制技术、交流电机控制技术、传感器技术、Profinet 工业以太网技术、PID 控制技术以及工程案例应用，可满足各类型学校、企业培训中心工程应用课程的实验实训的教学要求及相关内容的工业控制以及电工等项目的培训考评。

平台整体外观如图 7-1 所示。

图 7-1　平台整体外观

平台基本单元如下：

（1）西门子标准控制屏。控制屏采用立式结构，由网孔板、安全防护隔板、支撑架及支撑条、模块放置架、4 只万向轮、空气开关、开关电源等组成，平台中全部单元模块都安装在多功能操作墙上。

1）配备 1 个西门子 4P20A 带漏电保护空气开关。

2）配备 1 个西门子 3P10A 空气开关。

3）配备 1 个西门子 24V/5A 开关电源（SITOP）。

4）配有安全隔离警示板。

5）配有菲尼克斯接线端子。

6）配有线槽、电线等。

（2）西门子 S7-1200 CPU1214C DC/DC/DC PLC 单元。紧凑型 CPU，有 1 个 PROFINET 通信口，集成输入/输出：14 DI24V 直流输入，10DQ 晶体管输出 24V 直流，2AI 模拟量输入 0 ~ 10V DC；供电：直流 DC 20.4 ~ 28.8V；可编程数据存储区：100KB。

该设备还配备了西门子 SM1223 数字量输入/输出模块，该模块提供数字量输入/输出各 16 个；并配备了西门子 SB1232 模拟量输出信号板，该信号板提供 1AQ 模拟量输出 0~10V 或 0~20mA。

S7-1200 PLC 的外观如图 7-2 所示。

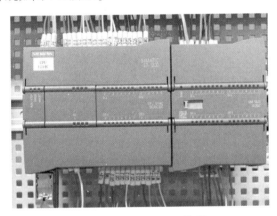

图 7-2　S7-1200 PLC 外观

（3）西门子 KTP 700 精简面板触摸屏。西门子 KTP 700 精简触摸屏能够满足用户对高品质可视化和操作的需求，物美价廉，可在中小型设备乃至机器上使用；且分辨率明显更高，色彩深度高达 65536 色，因此对图像的表现能力得到了显著的提升。

在联网性能方面，可以在 PROFINET 接口以及 USB 接口之间做出灵活选择。另外，使用 TIA 博途中的 WinCC 软件，新款面板在编程过程得以简化，因此能够更方便进行组态和操作。

KTP 700 Basic 产品介绍如图 7-3 所示。

全新一代的西门子精简触摸屏的功能得到了进一步的提升，具体硬件特性如下所示。

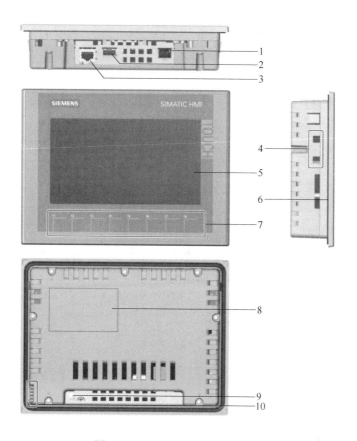

图 7-3　KTP 700 Basic 产品介绍

1—电源接口；2—USB 接口；3—PROFINET 接口；4—装配夹的开口；5—显示屏/触摸屏；
6—嵌入式密封件；7—功能键；8—铭牌；9—功能接地的接口；10—标签条导槽

1）高分辨率 64K 真彩宽屏显示。

2）800×480 dpi 宽屏显示设计和传统屏幕相比具有更大的可视面积，使单个画面中可以显示更多的信息，让操作员具有更舒适的视觉体验。

3）集成的工业以太网接口（支持 Modbus TCP/IP），可以和 S7-200 SMART 以及 LOGO 建立高速无缝的连接，使精简系列面板的通信更加灵活，同时，程序下载速度也有大幅度的提升。

4）通过以太网可以同时连接多台控制器。

5）高性能处理器、高速外部总线及 64MB DDR 内存。

6）高端的 ARM 处理器，主频达到 400MHz，使数据处理更快，画面显示更流畅。

7）增强的 64MB DDR 内存使得画面的切换速度更快。

8）使用符合 UL 标准的 PC + ABS 合金材料，耐高温、抗腐蚀，特别适用于工业现场的应用环境。

9）可靠的电源设计，内置的 24V 电子自恢复反接保护，避免因误接线而导致的产品损坏。

KTP 700 触摸屏单元如图 7-4 所示。

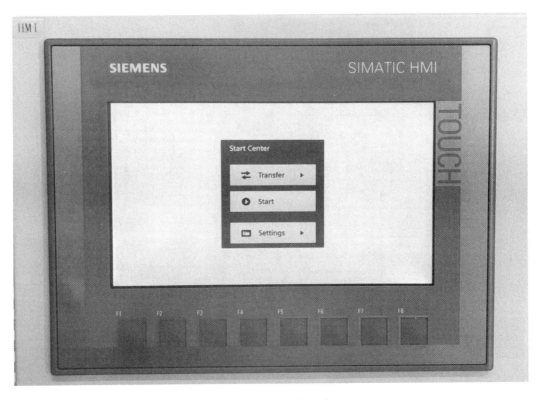

图 7-4 KTP 700 触摸屏单元

（4）指示灯与按钮单元。本单元包括 1 个红色指示灯（HL1）、1 个绿色指示灯（HL2）、1 个黄色指示灯（HL3）、1 个急停开关（SB3）、1 个启动按钮（SB1）、1 个停止按钮（SB2）、2 个转换开关（SA1、SA2）。本单元信号全部连接到 PLC。

指示灯与按钮单元如图 7-5 所示。

图 7-5 指示灯与按钮单元

在使用设备时，请事先阅读设备使用手册，严格按照说明书的操作规范进行操作，并在对设备熟悉的指导教师的指导下进行试验训练，在使用时，重点注意以下事项。

（1）确保系统电源接线正确。

（2）确保系统可靠接地。

（3）确保系统无短路。

（4）确保系统连线正确无误。

（5）在使用相关器件前必须仔细阅读各部件的使用手册。

（6）如果有异常，立即切断电源。

（7）要注意贴有防触碰标志设备，避免接触。

实训操作基本步骤如下：

（1）用编程电缆将 PLC 与编程器（计算机）进行连接。

（2）打开编程软件，根据所选的机型新建一个窗口。

（3）按照实验要求，检查系统电路的连接是否正确。

（4）根据所选模块或整个系统的控制流程，按照实训要求，进行编程。

在日常使用设备后，需定时对设备进行固定保养，防止使用设备时的不当行为对下次实训课程造成影响，并且不利于设备的长期运行。

设备维护操作流程如下：

（1）在进行设备维护过程中，应注意在未上电前检查设备器件是否存在松动、掉落情况。在需对设备重新接线的课程结束之后，同样应在未上电前对设备进行检查，是否存在接线错误、短路等现象，防止因短路造成的设备损坏。

（2）上电后检查设备各单元是否正常上电启动。启动完毕后检查各单元信号是否正常，有无信号丢失或者信号点错位情况。

（3）检查传感器信号是否正常输出，根据传感器的调节原理来进行调节，以确保传感器的信号能正常输出。

任务 7.2　变频调速器的应用

7.2.1　变频调速器基础知识

变频器是应用变频技术与微电子技术，通过改变电机工作电源频率方式来控制交流电动机的电力控制设备。变频器主要由整流（交流变直流）、滤波、逆变（直流变交流）、制动、驱动、检测、微处理等单元组成。变频器靠内部绝缘栅双极型晶体管（Insulated Gate Bipolar Transistor, IGBT）的开断来调整输出电源的电压和频率，根据电机的实际需要来提供其所需要的电源电压，进而达到节能、调速的目的。另外，变频器还有很多的保护功能，如过电流、过电压、过载保护等。随着工业自动化程度的不断提高，变频器也得到了非常广泛的应用。

随着技术的发展和价格的降低，变频器在工业控制中的应用越来越广泛。变频器在控制系统中主要作为执行机构来使用，有的变频器还有闭环 PID 控制功能。PLC 和变频器都是以计算机技术为基础的现代工业控制产品，将二者有机地结合起来，用 PLC 来控制变频器，是当代工业控制中的通常操作。常见的控制要求有：

（1）用 PLC 控制变频电动机的方向、转速和加速、减速时间。

（2）实现变频器与多台电动机之间的切换控制。

（3）实现电动机的工频电源和变频电源之间的切换。

（4）用单台变频器实现泵站的恒压供水控制。

（5）通过通信实现 PLC 变频器的控制，将变频器纳入工厂自动化通信网络。

本项目采用 SINAMICS G120 变频器。这是一款模块式变频器系统，主要包含控制单元（CU）和功率模块（PM）两个功能单元。控制单元可以控制和监控功率模块和与它相连的电机，控制模式有多种，按需选择。该组件能够支持与本地或中央控制系统以及监控设备的通信。功率模块用于对电机供电，功率范围为 0.37~250kW。该模块采用了先进的 IGBT 技术和脉宽调制功能，从而确保电机能够可靠、灵活运行，丰富的保护功能为功率模块和电机提供了高度保护。

SINAMICS G120 变频器单元如图 7-6 所示。

图 7-6　SINAMICS G120 变频器单元

SINAMICS G120 标准型变频器提供针对安全相关应用的规格。功率模块 PM240-2 和 PM250 支持 Safety Integrated（安全集成）方案。外形尺寸为 FSGX 的功率模块 PM240（即功率在 160kW 以上）仅适用于基本安全功能（STO、SS1 和 SBC）。控制单元配合安全功能就能将驱动升级为 Safety Integrated Drive。设备提供的 Safety Integrated 功能种类取决于控制单元的类型。

按以下指标配备 1 台低压三相异步电动机。额定功率：0.55kW；额定电压：AC380V；额定转速：1440r/min；额定电流 1.56A；额定频率：50Hz。

低压三相异步电动机单元如图 7-7 所示。

7.2.2　G120 变频器数字量控制电动机正反转

7.2.2.1　控制要求

本项目需要同学们学习电动机的控制，以及 G120 变频器参数设置。加深对逻辑指令

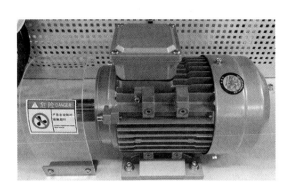

图 7-7　低压三相异步电动机单元

的理解，掌握 PLC 控制电机的基本应用。运用设备的 S7-1200、按钮、电源、G120 变频器单元实现如下要求。

　　初始状态：系统已经上电，各指示灯均不亮，按钮处于抬起状态，将 SA1 置于左侧，按下按钮 SB1，电动机正转启动，按下按钮 SB2，电动机停止运行。将 SA1 置于右侧，按下按钮 SB1，电动机反转启动，按下按钮 SB2，电动机停止运行。

7.2.2.2　硬件结构图

G120 变频器数字量控制电动机正反转硬件结构如图 7-8 所示。

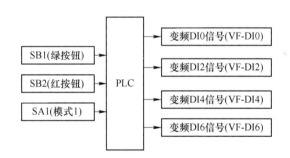

图 7-8　G120 变频器数字量控制电动机正反转硬件结构

7.2.2.3　PLC 变量表

PLC 输入变量表见表 7-1。

表 7-1　PLC 输入变量表

名　　称	相对地址	数据类型	备　注
SB1（绿按钮）	I2.0	Bool	启动
SB2（红按钮）	I2.1	Bool	停止
SA1（模式 1）	I2.3	Bool	模式切换

PLC 输出变量表见表 7-2。

表 7-2   PLC 输出变量表

名 称	相对地址	数据类型
变频 DI0 信号（VF-DI0）	Q3.0	Bool
变频 DI2 信号（VF-DI2）	Q3.2	Bool
变频 DI4 信号（VF-DI4）	Q3.1	Bool
变频 DI6 信号（VF-DI6）	Q3.3	Bool

7.2.2.4 控制实现

（1）打开 TIA 博途 V15.1 软件，新建项目，打开项目树"设备与网络"，添加新设备，如图 7-9 所示。

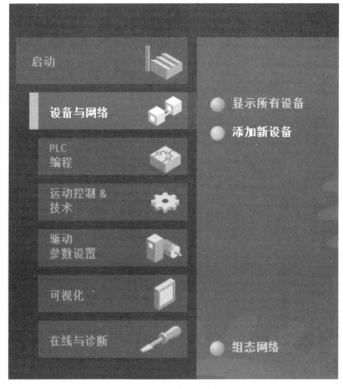

图 7-9   添加新设备

（2）找到相应的 CPU 型号，进行添加，如图 7-10 所示。

（3）根据 I/O 分配表建立 PLC 变量，如图 7-11 所示。

（4）编写程序，如图 7-12 和图 7-13 所示。

（5）G120 面板参数设置。

起停控制：变频器采用两线制控制方式，电机的起停、旋转方向通过数字量输入控制。

速度调节：通过数字量输入选择，可以设置两个固定转速，数字量输入 DI4 接通时采

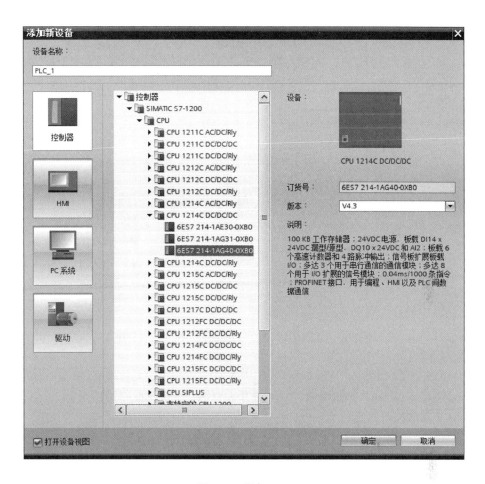

图 7-10　添加 CPU

		名称	变量表	数据类型
PLC 变量				
1		SB1(绿按钮)	默认变量表	Bool
2		SB2（红按钮）	默认变量表	Bool
3		SA1(模式1)	默认变量表	Bool
4		变频DI0信号	默认变量表	Bool
5		变频DI1信号	默认变量表	Bool
6		变频DI2信号	默认变量表	Bool
7		变频DI3信号	默认变量表	Bool
8		变频DI4信号	默认变量表	Bool
9		变频DI5信号	默认变量表	Bool

图 7-11　建立 PLC 变量

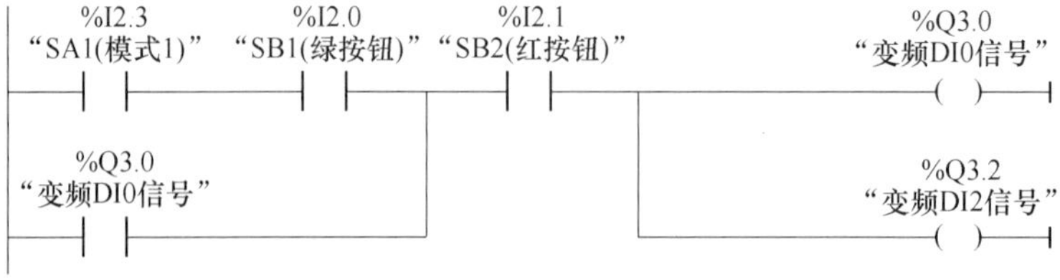

图 7-12　G120 变频器数字量控制电动机正反转程序 1

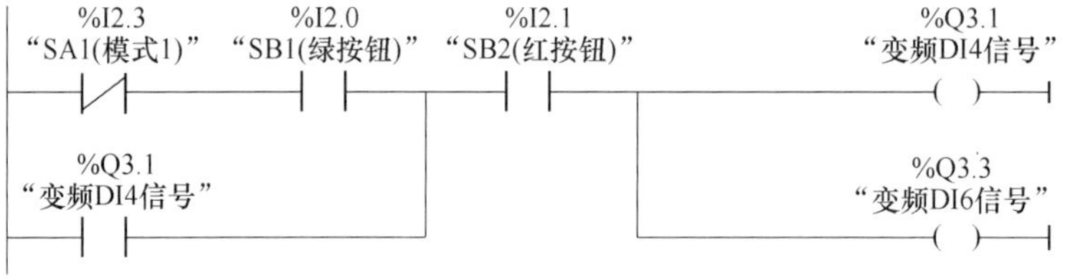

图 7-13　G120 变频器数字量控制电动机正反转程序 2

用固定转速 1，数字量输入 DI6 接通时采用固定转速 2。DI4 与 DI6 同时接通时采用固定转速 1+固定转速 2。P1003 参数设置固定转速 1，P1004 参数设置固定转速 2。

G120 参数表见表 7-3。

表 7-3　G120 参数表

G120 参数设置		
参数	设定值	说明
P0010	1	快速调试
P0015	1	设置宏程序
P1003	500	固定转速 1
P1004	1000	固定转速 2
P1022	r722.4	数字量输入 DI4 作为固定转速 1 选择
P1023	r722.6	数字量输入 DI6 作为固定转速 2 选择
P1120	0.5	上升时间
P1121	0.5	下降时间
P2103	r722.1	数字量输入 DI1 作为故障复位命令
P3330	r722.0	数字量输入 DI0 作为 2 线制-正转启动命令
P3331	r722.2	数字量输入 DI0 作为 2 线制-反转启动命令
P0010	0	就绪

7.2.2.5　调试

编译并下载程序，按照控制要求按下按钮，观察电动机运动状态，电动机运转过程中不要发生堵转，出现故障时，及时切断电源。G120 变频器数字量控制电动机正反转硬件示意图如图 7-14 和图 7-15 所示。

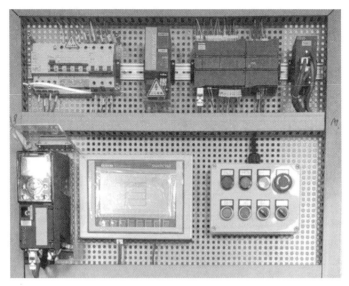

图 7-14 G120 变频器数字量控制电动机正反转硬件示意图 1

图 7-15 G120 变频器数字量控制电动机正反转硬件示意图 2

7.2.3 G120 变频器数字量控制电动机多段速

7.2.3.1 控制要求

本项目需要同学们学习电动机的控制，以及 G120 变频器参数设置。加深对逻辑指令的理解，掌握 PLC 控制电机的基本应用。运用设备的 S7-1200、按钮、电源、G120 变频器单元实现如下要求。

初始状态：系统已经上电，各指示灯均不亮，按钮处于抬起状态电动机分别以 200r/

min、500r/min、900r/min、1200r/min 正转，按下 SB2 停止。

7.2.3.2 硬件结构图

这是一个典型的 G120 变频器控制电动机多段速的任务。G120 变频器数字量控制电动机多段速硬件结构如图 7-16 所示。

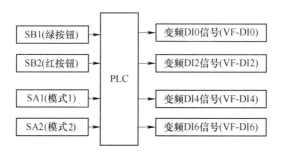

图 7-16 G120 变频器数字量控制电动机多段速硬件结构

7.2.3.3 PLC 变量表

PLC 输入变量表见表 7-4。

表 7-4 PLC 输入变量表

名 称	相对地址	数据类型
SB1（绿按钮）	I2.0	Bool
SB2（红按钮）	I2.1	Bool
SA1（模式 1）	I2.3	Bool
SA2（模式 2）	I2.4	Bool

PLC 输出变量表见表 7-5。

表 7-5 PLC 输出变量表

名 称	相对地址	数据类型
变频 DI0 信号（VF-DI0）	Q3.0	Bool
变频 DI2 信号（VF-DI2）	Q3.1	Bool
变频 DI4 信号（VF-DI4）	Q3.2	Bool
变频 DI6 信号（VF-DI6）	Q3.3	Bool

7.2.3.4 控制实现

（1）打开 TIA 博途 V15.1 软件，新建项目，打开项目树"设备与网络"，添加新设备，如图 7-9 所示。

（2）找到相应的 CPU 型号，进行添加，如图 7-10 所示。

（3）编写程序，如图 7-17~图 7-19 所示。

图 7-17 G120 变频器数字量控制电动机多段速程序 1

图 7-18 G120 变频器数字量控制电动机多段速程序 2

图 7-19 G120 变频器数字量控制电动机多段速程序 3

（4）G120 面板参数设置。

启停控制：电动机的启停通过数字量输入 DI0 控制。

速度调节：转速通过数字量输入选择，可以设置四个固定转速，数字量输入 DI0 接通时采用固定转速 1，DI2 接通时采用固定转速 2，DI4 接通时采用固定转速 3，数字量输入 DI6 接通时采用固定转速 4。多个 DI 同时接通将多个固定转速相加。P1001 参数设置固定转速 1，P1002 参数设置固定转速 2，P1003 参数设置固定转速 3，P1004 参数设置固定转速 4。注意：DI0 同时作为启停命令和固定转速 1 选择命令，也就是任何时刻固定转速 1 都会被选择。

G120 参数表见表 7-6。

表 7-6　G120 参数表

G120 参数设置		
参数	设定值	说明
P0010	1	—
P0015	3	设置宏程序
P1001	200	固定转速 1
P1002	500	固定转速 2
P1003	900	固定转速 3
P1004	1200	固定转速 4
P1020	r722.0	数字量输入 DI0 作为固定转速 1 选择
P1021	r722.2	数字量输入 DI2 作为固定转速 2 选择
P1022	r722.4	数字量输入 DI4 作为固定转速 3 选择
P1023	r722.6	数字量输入 DI6 作为固定转速 4 选择
P2103	r722.1	数字量输入 DI1 作为故障复位命令
P0010	0	就绪

7.2.3.5　调试

编译并下载程序，按照控制要求按下按钮，观察电动机运动状态，电动机运转过程中不要发生堵转，出现故障时，及时切断电源。G120 变频器数字量控制电动机多段速硬件示意图如图 7-14 和图 7-15 所示。

7.2.4　G120 变频器模拟量控制电动机调速

7.2.4.1　控制要求

初始状态：系统已经上电。

按下触摸屏上正转按钮，电动机正转启动，改变转速值，电动机速度随之改变，按下停止按钮，电动机停止运行。按下触摸屏上反转按钮，电动机反转启动，改变转速值，电动机速度随之改变，按下停止按钮，电动机停止运行。

7.2.4.2　硬件结构图

G120 变频器模拟量控制电动机调速硬件结构如图 7-20 所示。

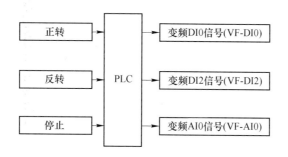

图 7-20　G120 变频器模拟量控制电动机调速硬件结构

7.2.4.3　PLC 变量表

PLC 输入变量表见表 7-7。

表 7-7　PLC 输入变量表

名称	相对地址	数据类型
正转	M2.0	Bool
反转	M2.1	Bool
停止	M2.2	Bool

PLC 输出变量表见表 7-8。

表 7-8　PLC 输出变量表

名　　称	相对地址	数据类型
变频 DI0 信号（VF-DI0）	Q3.0	Bool
变频 DI1 信号（VF-DI2）	Q3.1	Bool
变频 AI0 信号（VF-AI0）	QW10	Bool

7.2.4.4　控制实现

（1）打开 TIA 博途 V15.1 软件，新建项目，打开项目树"设备与网络"，添加新设备，如图 7-9 所示。

（2）找到相应的 CPU 型号，进行添加，如图 7-10 所示。

（3）双击 CPU 模块，将其 I/O 地址起始地址修改为 10，如图 7-21 所示。

（4）根据 I/O 分配表建立 PLC 变量，如图 7-22 所示。

（5）编写程序，如图 7-23 和图 7-24 所示。

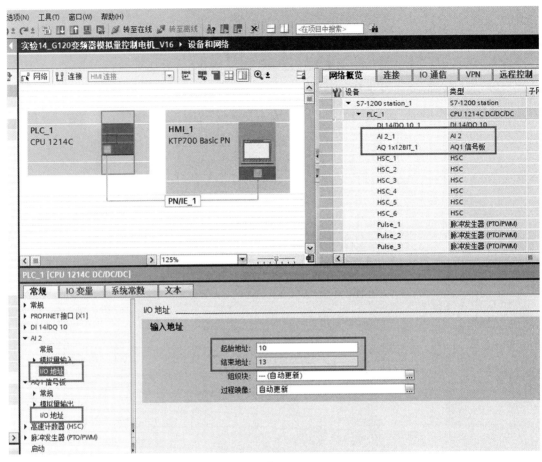

图 7-21　修改 IO 地址

	名称	数据类型	地址	保持	可从 ...	从 H...	在 H...
◁▯	变频DI0信号	Bool	%Q3.0	☐	☑	☑	☑
◁▯	变频DI2信号	Bool	%Q3.1	☐	☑	☑	☑
◁▯	VF-AI0	Word	%QW10 ▼	☐	☑	☑	☑
◁▯	正转	Bool	%M2.0	☐	☑	☑	☑
◁▯	反转	Bool	%M2.1	☐	☑	☑	☑
◁▯	停止	Bool	%M2.2	☐	☑	☑	☑
◁▯	设定速度	Real	%MD10	☐	☑	☑	☑
◁▯	中间值	Real	%MD14	☐	☑	☑	☑
	<新增>				☑	☑	☑

图 7-22　I/O 分配

（6）在左侧目录树中单击"添加新设备"，找到相对应的 HMI 订货号，进行添加，如图 7-25 所示。

（7）在目录树中单击"设备和网络"，单击左上角的"连接"，然后右击触摸屏模块，单击"添加新连接"，如图 7-26 所示。

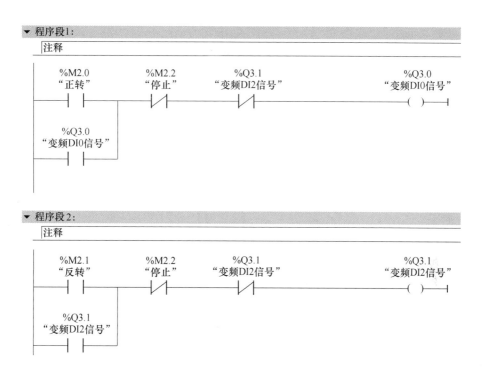

图 7-23　G120 变频器模拟量控制电动机调速程序 1

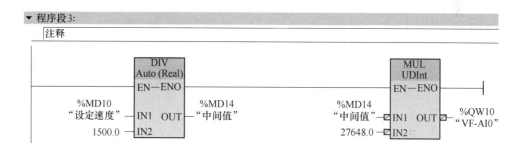

图 7-24　G120 变频器模拟量控制电动机调速程序 2

（8）双击左侧 PLC 选项，窗口伙伴接口出现 PLC，单击"添加"按钮，如图 7-27 所示。

7.2.4.5　G120 面板参数设置

启停控制：电动机正转启动通过数字量输入 DI0 控制，电动机反转启动通过数字量输入 DI1 控制。

速度调节：转速通过模拟量输入 AI0 调节，AI0 默认为−10～+10V 输入方式。

G120 参数表见表 7-9。

图 7-25 添加 HMI 触摸屏

图 7-26 添加新连接

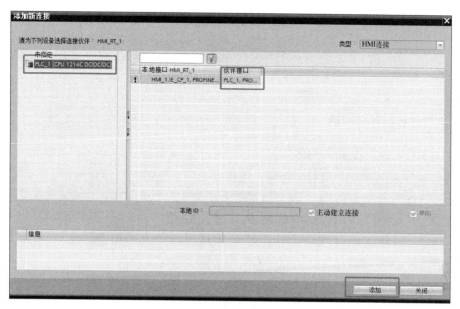

图 7-27　确定连接伙伴

表 7-9　G120 参数表

G120 参数设置		
参数	设定值	说明
P0010	1	—
P0015	17	设置宏程序
P756	4	模拟量输入 AI0：类型 $-10\sim+10V$
P757	0.0	模拟量输入 AI0：标定 X1 值
P758	0.0	模拟量输入 AI0：标定 Y1
P759	10.0	模拟量输入 AI0：标定 X2
P760	100.0	模拟量输入 AI0：标定 Y2
P3330	r722.0	数字量输入 DI0 作为 2 线制-正转启动命令
P3331	r722.2	数字量输入 DI2 作为 2 线制-反转启动命令
P2103	r722.1	数字量输入 DI1 作为故障复位命令
P0010	0	就绪

7.2.4.6　调试

编译并下载程序，按照控制要求按下按钮，观察电动机运动状态，电动机运转过程中不要发生堵转，出现故障时，及时切断电源。G120 变频器模拟量控制电动机调速硬件示意图如图 7-14 和图 7-15 所示。

任务 7.3　皮带分拣机设计

7.3.1　皮带分拣机基础知识

7.3.1.1　硬件平台基本介绍

皮带传送及检测单元采用型材结构，包括自动调心轴承、同步齿型带、1 台直流电动机、1 个旋转编码器及支架、1 个颜色传感器及支架、1 个漫反射光电传感器及支架、1 个电感传感器及支架、1 个电容传感器及支架、AP30X30-4FM（$L = 500$mm）铝型材、AP40X40-4EH（$L = 620$mm）铝型材等。皮带传送检测单元采用挂件安装结构，方便安装、便于调整。皮带传送及检测实物单元如图 7-28 所示。

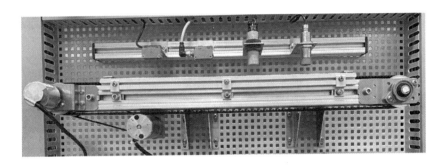

图 7-28　皮带传送及检测实物单元

7.3.1.2　传感器介绍

传感器技术如今已经在越来越多的领域得到应用，除用于工业、农业、商业外，更广泛用于交通、医疗诊断、军事科研、航空航天、自动化生产、环境监测、现代办公设备、智能楼宇和家用电器等领域。

广义的传感器是一种能把特定的信息（物理、化学、生物）按一定规律转换成某种可用信号输出的器件和装置。狭义的传感器是能把外界非电信息转换成电信号输出的器件。

A　光电传感器

光电传感器的检测光源是可见光或不可见的近红外线。在自动生产线运行时，投光部始终发射光线，受光部感受到由工件引起的光量变化，从而引起光电传感器的通断变化。因此，光电传感器又称为光电接近开关。根据投光部、受光部的位置不同，光电传感器分为漫反射型、镜面反射型、对射型三大类。光电传感器 SICK GTB6-P1211 外观图如图 7-29 所示。

在皮带传输与检测单元中，光电传感器 SICK GTB6-P1211 用来检测物料的有无，其接线图如图 7-30 所示。

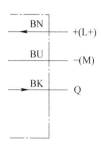

图 7-29　光电传感器 SICK GTB6-P1211 外观图　　图 7-30　光电传感器 SICK GTB6-P1211 接线图

光电传感器 SICK GTB6-P1211 参数见表 7-10。

表 7-10　光电传感器 SICK GTB6-P1211 参数

传感器原理/检测原理	反射式光电扫描仪，背景抑制功能
尺寸（宽×高×深）	12mm×31.5mm×21mm
外壳形状（光束出口）	方形
最大开关距离	5~250mm
感应距离	35~140mm
光线种类	可见红光
光源	PinPoint-LED
光点尺寸（距离）	ϕ6mm（100mm）
轴长	650nm
设置	机械设置，5转

光电传感器 SICK GTB6-P1211 指示灯状态及可调性图如图 7-31 所示。

（1）传感器上方绿色 LED 指示灯亮起：供电电压激活。

（2）传感器上方黄色 LED 指示灯亮起：光接收状态。

（3）灵敏度设置：电位计。

B　电感传感器

电感传感器是将被测量转换为线圈的自感或互感的变化来测量的装置。电感传感器还可用作磁敏速度开关等。电感传感器 IME18-08NPSZW5S 外观图如图 7-32 所示。

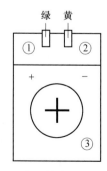

图 7-31　光电传感器 GTB6-P1211
指示灯状态及可调性图

图 7-32　电感传感器 IME18-08
NPSZW5S 外观图

该电感传感器型号为西克电感式接近传感器（IME18-08NPSZW5S），在皮带传送与检测单元中，该电感传感器用来检测工件的材质。西克电感式接近传感器（IME18-08NPSZW5S）接线图如图 7-33 所示。

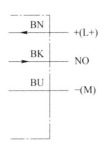

图 7-33　IME18-08NPSZW5S 接线图

西克电感式接近传感器参数见表 7-11。

表 7-11　西克电感式接近传感器参数表

额定动作距离	8mm
电源电压	6~36V
复位精度	≥0.01mm
出线盒输出方式	三线常开
最大输出电流	300mA
输出形式	PNP

可以通过传感器上的两个螺母的相对位置来调节传感器的灵敏度，具体方法是，将被检测物体（金属类物体）放在传感器正下方，然后把传感器上的两个螺母旋松，接着上下调整传感器并观察输出指示灯，指示灯稳定发光时，再将传感器上的两个螺母旋紧固定。可应用电感传感器来检测金属物体，也可利用铁块和铝块检测距离的不同来区分铁块和铝块。

C　电容传感器

电容传感器是以各种类型的电容器作为传感元件，将被测物理量或机械量转换成为电容变化量变化的一种转换装置，实际上就是一个具有可变参数的电容器。电容式传感器广泛用于位移、角度、振动、速度、压力、成分分析、介质特性等方面的测量。最常用的是平行板型电容器或圆筒型电容器。

图 7-34 所示电容传感器型号为奥托尼克斯电容式接近传感器（CR18-8DP）。电容传感器是一种常见的接近开关，能检测导体和电介质体。通常情况下金属导体检测距离远，非金属物体检测距离近，可以通过调节电容传感器与被检测物体的距离，来区分金属和非金属物体。

图 7-34　电容式接近传感器外观图

电容传感器接线图如图 7-35 所示。

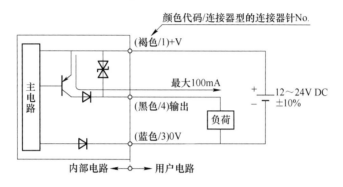

图 7-35　电容传感器接线图

电容传感器参数见表 7-12。

表 7-12　电容传感器参数表

检测距离	8mm×(±10%)
检测物体	导体及电介质体
电源电压	DC 12~24V
接线方式	直流三线式
消耗电流	≤15mA
最大输出电流	200mA
输出类型	PNP 常开

电容传感器的调节方法为：将装铝芯的料块放在电容传感器下，调节电容传感器，使其有输出（红色指示灯亮）；将一个空芯的料块放在电容传感器下，调节电容传感器，使其无输出（红色指示灯灭），电容传感器调节完毕。

D　色标传感器

色标传感器通常是被用于检测特定色标或物体上的黑点，它是经由过程与非色标区比较来实现色标检测，而不是直接丈量色彩。色标传感器现实是一种反向安装，光源垂直于目的物体装置，而接收器与物体成锐角偏向装置，让它只检测来自目的物体的散射光，从而防止传感器直接接收反射光，而且可使光束聚焦很窄。

在皮带传送与检测单元中，使用色标传感器 SICK KTM- MB31111P 检测料块颜色（黄色和蓝色）。色标传感器 SICK KTM-MB31111P 的外形图如图 7-36 所示。

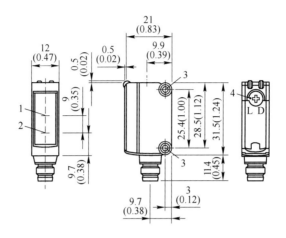

图 7-36　色标传感器 SICK KTM-MB31111P 外形图

1—光轴接收器；2—光轴发射器；3—安装孔 M3；4—明通/暗通开关；L=亮通，D=暗通

色标传感器 KTM-MB31111P 接线图如图 7-37 所示。

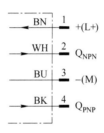

图 7-37　色标传感器 KTM-MB31111P 接线图

色标传感器 KTM-MB31111P 参数表见表 7-13。

表 7-13　色标传感器 KTM-MB31111P 参数表

感应距离	12. 5mm
供电电压	DC 12~24V
开关类型	明/暗切换
设置	电位计，螺丝刀

色标传感器 KTM-MB31111P 指示灯状态及可调性如图 7-38 所示。

（1）传感器上方黄色 LED 指示灯亮起：开关量输出 Q（暗通开关）状态。

（2）传感器上方绿色 LED 指示灯亮起：供电电压激活。

（3）开关阈值调整。

7.3.1.3　高速计数器

高速计数器指令块，需要使用指定背景数据块用于存储参数，如图 7-39 所示。

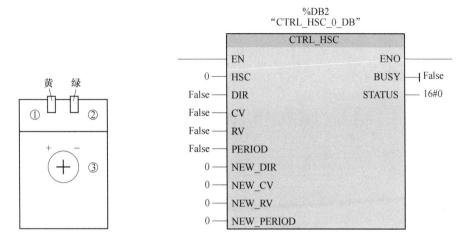

图 7-38　色标传感器 KTM-MB31111P
　　　　指示灯状态及可调性

图 7-39　高速计数器指令块

单相计数：顾名思义，是指只有一路脉冲信号输入到 PLC，计数器所记录的脉冲数增加还是减少，取决于方向信号的输入。

双相计数：是指具有两路脉冲输入信号到 PLC，一路为增加计数脉冲，一路为减少计数脉冲。

A/B 相交计数：计数时，A 相脉冲和 B 相脉冲同时输入到 PLC，当 A 相脉冲超前 B 相脉冲 90°时，计数器的值增加，当 A 相脉冲滞后于 B 相脉冲 90°时，计数器的当前值较少。

A/B 计数器四倍频的计数方式与 A/B 计数器相同，不同之处在于，四倍频在每个沿信号产生的时候，计数器的当前值都会发生变化。

高速计数器类型：计数、周期、频率、运动控制。

计数：是指对脉冲信号的数量进行记录。

周期：是指在指定的时间周期内计算输入脉冲的次数，能够在频率测量周期指定的时间周期结束后捕捉脉冲数量并计算值，单位为纳秒。使用周期功能时，需要设置计数类型为周期，还需要设置工作模式为频率测量周期。

频率：测量输入脉冲的数量和持续时间，从而计算出脉冲的频率。频率是一个有符号的双进度整型数值，单位为赫兹，如果计数方向向下，该值为负。对于频率测量需要设置计数类型为频率，还要设置工作模式为频率测量周期，等等。

运动控制：用于运动控制计数对象，不适合用 HSC 指令，主要用于运动控制时实现位置的闭环控制使用。

7.3.2　基于 S7-1200 PLC 的皮带分拣

7.3.2.1　控制要求

初始状态下，按钮处于抬起状态，物料检测机构处于停止状态。

通过编写 PLC 程序要求实现：在触摸屏中输入运行速度和停止位置，按下开始运行按钮，皮带开始转动，当转动到停止位置时，皮带停止转动；转动过程中，按下停止运行按钮，皮带也停止运行。

7.3.2.2　硬件结构图

基于 S7-1200 PLC 的皮带分拣硬件结构图如图 7-40 所示。

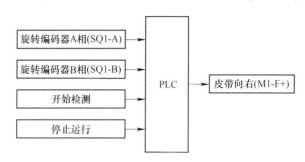

图 7-40　基于 S7-1200 PLC 的皮带分拣硬件结构图

7.3.2.3　PLC 变量表

PLC 输入变量表见表 7-14。

表 7-14　PLC 输入变量表

名　　称	相对地址	数据类型
旋转编码器 A 相（SQ1-A）	I1.0	Bool
旋转编码器 B 相（SQ1-B）	I1.1	Bool
开始检测	M3.1	Bool
停止运行	M2.7	Bool

PLC 输出变量表见表 7-15。

表 7-15　PLC 输出变量表

名　　称	相对地址	数据类型
皮带向右（M1-F+）	Q1.0	Bool

7.3.2.4　控制实现

（1）双击设备组态，在 CPU 硬件视图选中 CPU，如图 7-41 所示，启用高速计数器。

（2）选择属性打开组态界面，设置高速计数器基本参数，如图 7-42~图 7-44 所示。

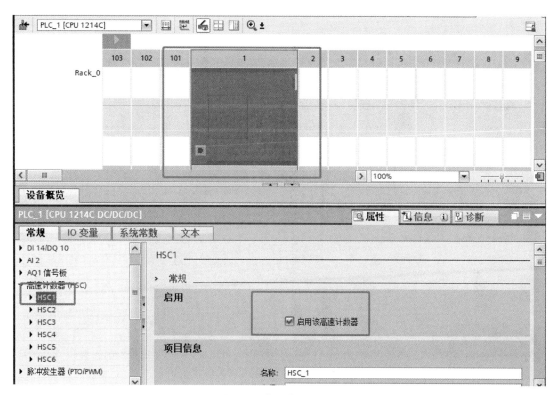

图 7-41　启用高速计数器

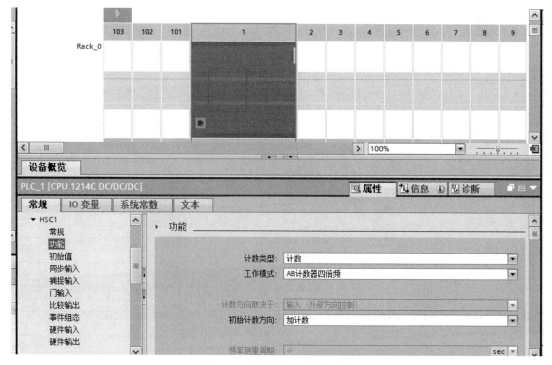

图 7-42　高速计数器功能参数

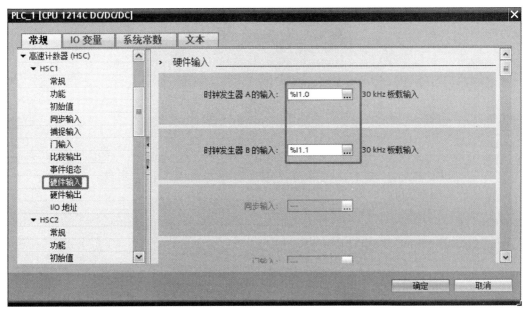

图 7-43　高速计数器硬件输入参数

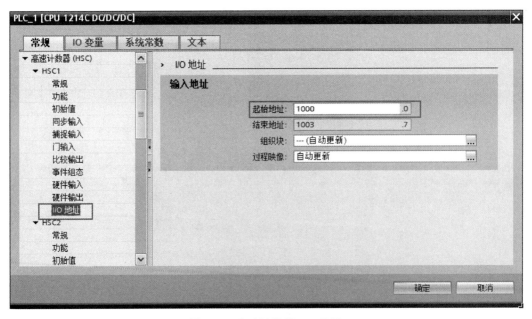

图 7-44　高速计数器 I/O 地址

（3）进行 PLC 程序的编程（部分），如图 7-45~图 7-47 所示。

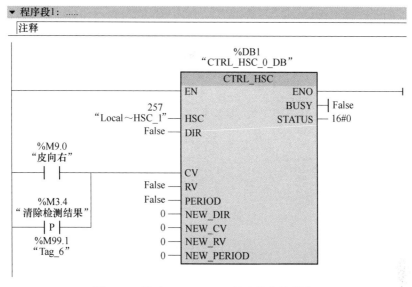

图 7-45 基于 S7-1200 PLC 的皮带分拣程序 1

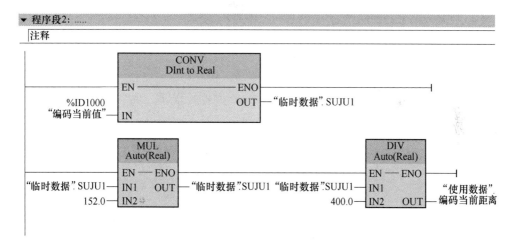

图 7-46 基于 S7-1200 PLC 的皮带分拣程序 2

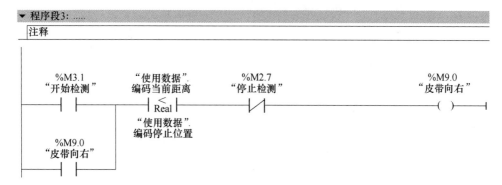

图 7-47 基于 S7-1200 PLC 的皮带分拣程序 3

（4）根据实验要求，编写 HMI 程序。触摸屏画面如图 7-48 所示。

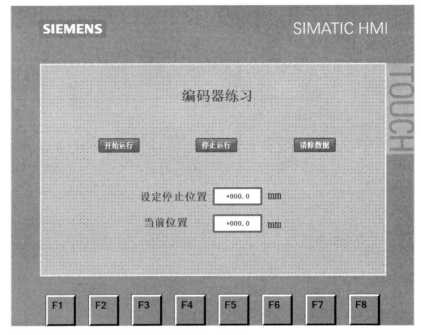

图 7-48　触摸屏画面

7.3.2.5　调试

编译并下载程序，按照控制要求按下启动按钮和停止按钮，观察皮带工作流程。基于 S7-1200 PLC 的皮带分拣硬件示意图如图 7-49 所示。

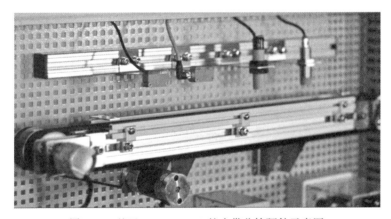

图 7-49　基于 S7-1200 PLC 的皮带分拣硬件示意图

7.3.3　基于 S7-1200 PLC 的皮带分拣综合练习

7.3.3.1　控制要求

初始状态下，按钮处于抬起状态，物料检测机构处于停止状态。

通过编写 PLC 程序要求实现：在 HMI 上按下向左点动按钮，皮带向左转动；松开向左点动按钮，皮带停止转动。按下向右点动按钮，皮带向右转动，松开向右点动按钮，皮带停止转动。

按下开始检测按钮，物料检测机构皮带开始运行，现有四种物料，分别是黄色铁芯、黄色铝芯、蓝色铁芯、蓝色铝芯；通过物料机构检测完成后，到皮带末端停止，并可以反馈物料类型。

按下清除检测结果按钮，将对程序进行复位操作。

7.3.3.2　硬件结构图

这是一个典型的训练 PLC 基本逻辑指令和 HMI 结合的题目，使用前应对 PLC 基本指令的运用和编程逻辑有一定的基础，具体可参照 S7-1200 PLC 的使用说明书。

基于 S7-1200 PLC 的皮带分拣综合练习硬件结构如图 7-50 所示。

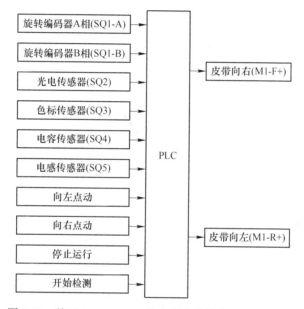

图 7-50　基于 S7-1200 PLC 的皮带分拣综合练习硬件结构

7.3.3.3　PLC 变量表

PLC 输入变量表见表 7-16。

表 7-16　PLC 输入变量表

名　称	相对地址	数据类型
旋转编码器 A 相（SQ1-A）	I1.0	Bool
旋转编码器 B 相（SQ1-B）	I1.1	Bool
光电传感器（SQ2）	I1.2	Bool
色标传感器（SQ3）	I1.3	Bool
电容传感器（SQ4）	I1.4	Bool
电感传感器（SQ5）	I1.5	Bool
向左点动	M2.2	Bool
向右点动	M2.1	Bool

续表 7-16

名　称	相对地址	数据类型
停止运行	M2. 7	Bool
开始检测	M3. 1	Bool

PLC 输出变量表见表 7-17。

表 7-17　PLC 输出变量表

名　称	相对地址	数据类型
皮带向右（M1-F+）	Q1. 0	Bool
皮带向左（M1-R+）	Q1. 1	Bool

7.3.3.4　控制实现（见图 7-51~图 7-56）

图 7-51　基于 S7-1200 PLC 的皮带分拣综合练习程序 1

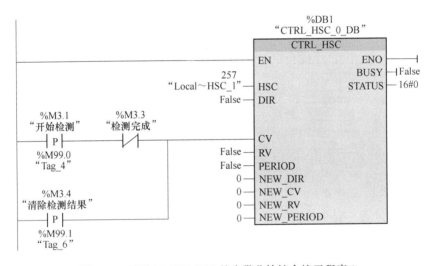

图 7-52　基于 S7-1200 PLC 的皮带分拣综合练习程序 2

图 7-53　基于 S7-1200 PLC 的皮带分拣综合练习程序 3

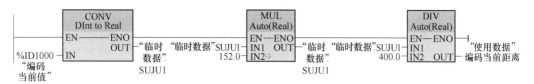

图 7-54 基于 S7-1200 PLC 的皮带分拣综合练习程序 4

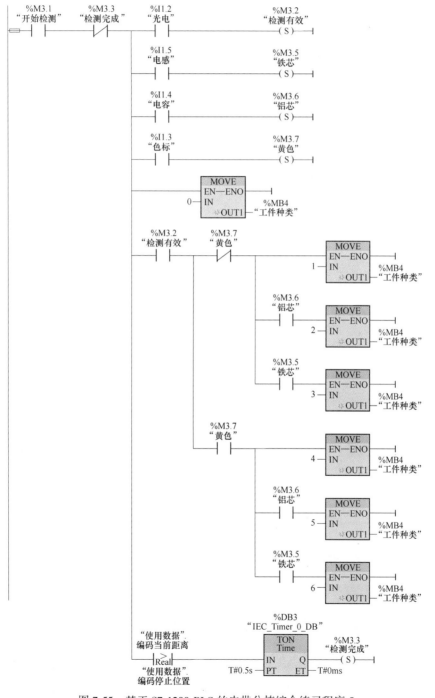

图 7-55 基于 S7-1200 PLC 的皮带分拣综合练习程序 5

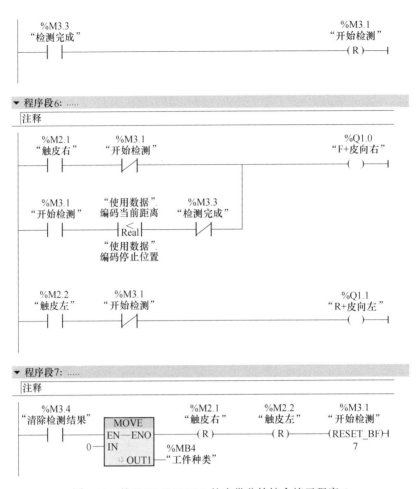

图 7-56　基于 S7-1200 PLC 的皮带分拣综合练习程序 6

7.3.3.5　调试

按照控制要求按下启动按钮和停止按钮，观察皮带工作流程。基于 S7-1200 PLC 的皮带分拣硬件示意图如图 7-49 所示。

任务 7.4　温度控制设计

7.4.1　温度控制基础知识

7.4.1.1　硬件平台介绍

温度控制器是一种用来控制温度而无需操作人员大量参与的仪器。温度控制系统的控制器从热电偶或 RTD 等温度传感器接收输入信号后，将实际温度与所需控制温度或设定值进行比较，然后将输出信号提供给控制元件。例如，控制器从温度传感器接收输入信号，并将输出信号发送至所连接的加热器或风扇等控制元件。控制器通常只是整个温度控制系统的一部分，因此在选择适当的控制器时，应对整个系统进行分析和考量。

温度模块主要由玻璃温箱、接线端子、加热器、排风扇、固态继电器、温度传感器及变送器构成，有机玻璃温箱尺寸为 98mm×68mm×96mm，供电电压为 DC 24V，该模块的模拟量输入为 0~20mA 电流信号（加热程度），模拟量输出为 0~10V 电压信号（反馈温度），排风采用 DC 24V 供电，和 PLC 模拟量配合可以实现恒温度控制实验。温度模块如图 7-57 所示。

图 7-57 温度模块

在温度单元内有 PT100 温度传感器，用于将温度变量转换为标准化输出信号。该温度模块内部集成有温度变送器，从测温元件输出信号送到变送器，经过稳压滤波、运算放大、非线性校正、V/I 转换、恒流及反向保护等电路处理后，转换成与温度呈线性关系的 0~10V 电压信号，方便教学使用。

模数转换控制：模拟信号只有通过模/数转化为数字信号后才能用软件进行处理，这一切都是通过模/数转换器（ADC）来实现的。与模数转换相对应的是数模转换，数模转换是模数转换的逆过程，使用测量变换器，可将这些变量转变成电压、电流或电阻。例如采集转速时，可通过测量变换器将 500~1500r/min 范围内的转速转换为 0~+10V 范围内的电压。测得转速为 865r/min 时，测量变换器换算出的电压值为 +3.65V。这些转换而来的电压、电流或电阻与模拟模块相连，信号在该模块中进行数字化处理，然后才能在 PLC 中接受进一步处理。使用 PLC 处理模拟变量时，应将已读取的电压、电流或电阻值转换为数字化信息。模拟值被转换为位模式。该转换即被称为模拟数字转换（模/数转换）。

对于 SIMATIC 产品来说这种转换的结果始终为一个 16 位的值。模拟输入模块中内置的 ADC（模拟-数字转换器）可对采集而来的模拟信号进行数字化处理，并使其值的形式接近阶梯形曲线。ADC 最重要的参数就是其分辨率及转换速度。

7.4.1.2 数字缩放

温度控制程序梯形图如图 7-58 所示。

7.4.1.3 PID 控制

PID 控制是目前正在被广泛应用的一种适用面广、具有较长历史的控制方法。其在工

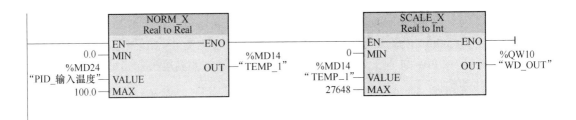

图 7-58　温度控制程序梯形图

业系统中主要用于变化的物理量的控制，包括压力、速度、温度、流量、液位等。PID 控制是将设定值和实际输出值的差求出，再对其进行比例运算（P）、积分运算（I）、微分运算（D）的反馈控制。PID 控制的控制框图和传统的反馈控制系统类似，如图 7-59 所示。

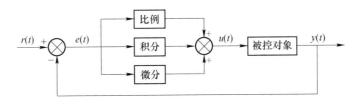

图 7-59　PID 控制框图

其中，目标对象的函数为 $G(s)$，该传递函数同时包含了执行器的特性。PID 控制器是一种线性的控制器，其微分方程如下所述。

$$u(t) = K_p\left[e(t) + \frac{1}{T_i}\int_0^t e(t)\,\mathrm{d}(t)\right] + T_d\frac{\mathrm{d}e(t)}{\mathrm{d}t} = K_p e(t) + K_i\int_0^t e(t)\,\mathrm{d}(t) + T_d\frac{\mathrm{d}e(t)}{\mathrm{d}t}$$

式中，K_p 为比例系数，T_i 为积分时间系数，T_d 为微分时间系数。对该微分方程进行拉普拉斯变换，可得 PID 控制器的传递函数 $G(s)$。

$$G(s) = \frac{U(s)}{E(s)} = K_p\left(1 + \frac{1}{T_i s} + T_d s\right) = K_p + K_i\frac{1}{s} + T_d s$$

当采样周期 T 为 1s 时，积分系数 K_i 的值等于 K_p 与 T_i 的比值，微分系数 K_d 则等于 K_p 与 T_d 的比值。当积分系数 K_i 与 K_d 均取值为 0 时，该 PID 控制器采用 P 控制；当只有 K_d 取值为 0 时，该 PID 控制器采用 PI 控制；当只有积分系数 K_i 取值为 0 时，该 PID 控制器采用 PD 控制。

PID 控制器的主要参数有 K_p、T_i 和 T_d，通常来说也可以理解为是 K_p、K_i 和 K_d。在实际的工业控制过程中，调整这些参数的数值可以使得 PID 控制适应不同的控制系统。由于本次课程设计的主要内容是通过 PID 算法对液位控制系统进行调节，因此我们需要了解这些系数对于控制器性能的影响。

A　比例作用

K_p 是比例系数指数中反映系统工作时的反应速度的指数。如果系统发生了误差，这

时 K_p 发挥作用，将误差减少到最小。K_p 越小，说明这时系统中所发生的工作反应速度慢，然后随着 K_p 的增长，系统中所发生的工作反应速度也是会随之增长。但如果 K_p 太大，也并不利于系统中的工作，会使系统中产生干扰，导致比例作用无法使被控变量回到给定值，因此纯比例控制无法消除系统稳态误差。

B　积分作用

K_i 是积分系数指数中反映系统中稳态误差进行的消除工作的指数。在这过程中，如果误差在系统中表现出来，K_i 会一直进行计算，然后进行累积，不断地将累积误差进行输出，将系统中的误差填满之后，停止工作。K_i 数值的设置很关键，要根据系统中的条件设置适宜值，如果 K_i 的存在不够让系统中达到平衡，那就会导致超调量大，进而严重影响系统的动态性能。

C　微分作用

K_d 用来对误差进行预测及抑制。K_d 的存在将使系统中的调节时间大大减少。但是 K_d 的存在也有一定的劣势，使系统的抗干扰性降低，因此 K_i 数值的设置也很关键。

PID 参数对控制性能的影响见表 7-18。

表 7-18　PID 参数对控制性能的影响

参　数	利	弊
K_p（P 参数）	提高灵敏度、调节速度、稳态精度	引发振荡、不稳定
K_i（I 参数）	消除系统稳态误差	引发系统振荡、过渡时间会延长
K_d（D 参数）	加快响应、减少超调量	引起系统的不稳定、易受干扰

PID 指令示意图如图 7-60 所示。

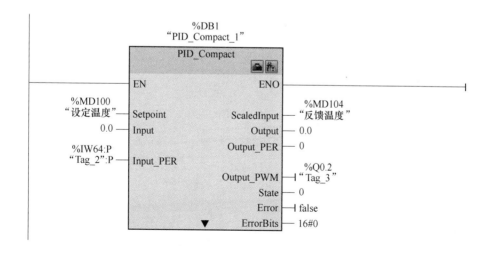

图 7-60　PID 指令示意图

PID 指令说明表见表 7-19。

表 7-19 PID 指令说明表

参 数	数据类型	默认值	说 明
Setpoint	REAL	0.0	PID 控制器在自动模式下的设定值
Input	REAL	0.0	用户程序的变量用作过程值的源
Input_ PER	INT	0	模拟量输入用作过程值的源
Reset	BOOL	FALSE	重新启动控制器
ScaledInput	REAL	0.0	标定的过程值
Output	REAL	0.0	REAL 形式的输出值
Output_ PER	INT	0	模拟量输出值
Output_ PWM	BOOL	FALSE	脉宽调制输出值由变量开关时间形成
State	INT	0	State 参数显示了 PID 控制器的当前工作模式。可使用输入参数 Mode 和 ModeActive 处的上升沿更改工作模式

7.4.2 基于 S7-1200 PLC 温度输出模拟量练习

7.4.2.1 控制要求

初始状态下，按钮处于抬起状态，温度模块处于停止状态。

（1）通过 HMI 对温度值进行设定。

（2）按下启动按钮，灯泡变亮。

（3）改变温度值，灯泡的亮度随之改变。

7.4.2.2 硬件结构图

基于 S7-1200 PLC 温度输出模拟量练习硬件结构图如图 7-61 所示。

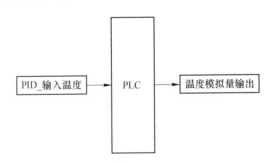

图 7-61 基于 S7-1200 PLC 温度输出模拟量练习硬件结构图

7.4.2.3 PLC 变量表

PLC 输入变量表见表 7-20。

表 7-20 PLC 输入变量表

名 称	相对地址	数据类型
PID_ 输入温度	MD24	Real

PLC 输出变量表见表 7-21。

表 7-21 PLC 输出变量表

名　　称	相对地址	数据类型
温度模拟量输出	QW10	Word

7.4.2.4　控制实现

（1）根据控制要求编写 PLC 控制程序。基于 S7-1200 PLC 温度输出模拟量练习程序如图 7-62 所示。

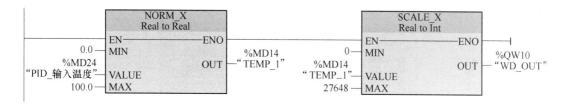

图 7-62　基于 S7-1200 PLC 温度输出模拟量练习程序

（2）根据题目要求绘制 HMI 画面。HMI 画面如图 7-63 所示。

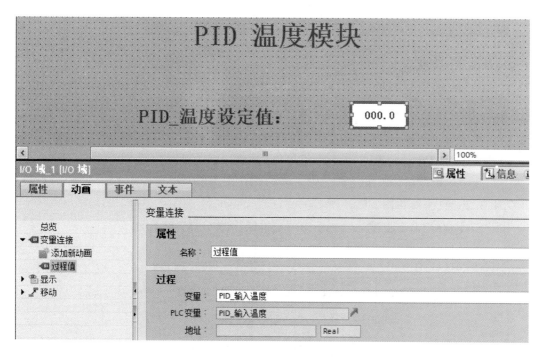

图 7-63　HMI 画面

7.4.2.5　调试

编译并下载程序，按照控制要求按下启动按钮，设置温度后观察温度模块状态；按下停止按钮后，观察温度模块的状态变化。基于 S7-1200 PLC 温度输出模拟量练习硬件示意图如图 7-64 所示。

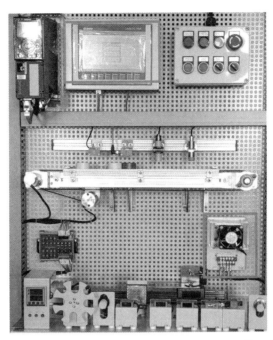

图 7-64　基于 S7-1200 PLC 温度输出模拟量练习硬件示意图

7.4.3　基于 S7-1200 PLC 温度输入模拟量练习

7.4.3.1　控制要求

初始状态下，按钮处于抬起状态，温度模块处于停止状态。

（1）按下启动按钮，灯泡变亮。

（2）观察 HMI 中当前温度是否变化。

（3）按下风扇按钮，风扇开始转动，观察 HMI 中当前温度是否变化。

7.4.3.2　硬件结构图

基于 S7-1200 PLC 温度输入模拟量练习硬件结构图如图 7-65 所示。

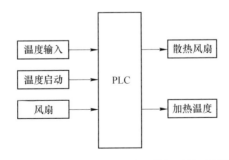

图 7-65　基于 S7-1200 PLC 温度输入模拟量练习硬件结构图

7.4.3.3　PLC 变量表

PLC 输入变量表见表 7-22。

表 7-22　PLC 输入变量表

名　称	相对地址	数据类型
温度输入	IW10	Bool
温度启动	M40.0	Bool
风扇	M40.1	Bool

PLC 输出变量表见表 7-23。

表 7-23　PLC 输出变量表

名　称	相对地址	数据类型
散热风扇	Q8.4	Bool
加热温度	QW12	Word

7.4.3.4　控制实现

（1）根据控制要求编写 PLC 控制程序，如图 7-66 和图 7-67 所示。

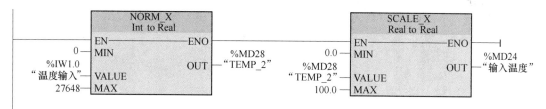

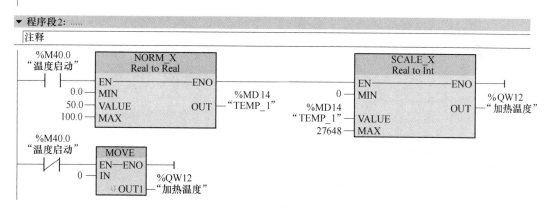

图 7-66　基于 S7-1200 PLC 温度输入模拟量练习程序 1

图 7-67　基于 S7-1200 PLC 温度输入模拟量练习程序 2

（2）根据题目要求绘制 HMI 画面，如图 7-68 ~ 图 7-70 所示。

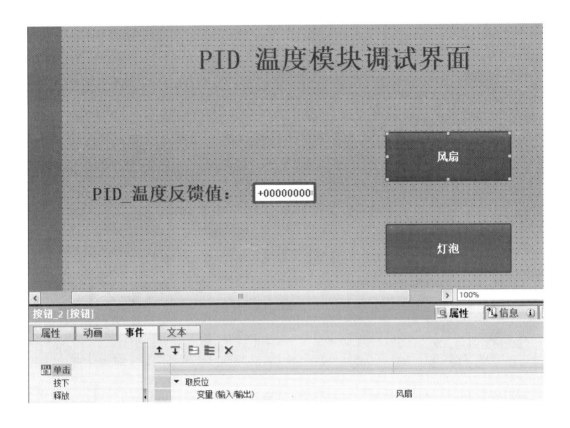

图 7-68　HMI 画面 1

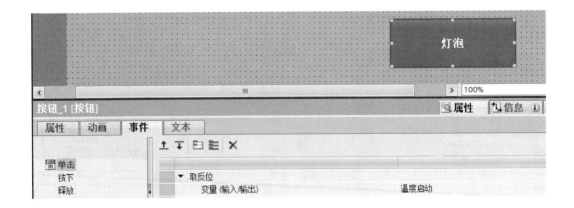

图 7-69　HMI 画面 2

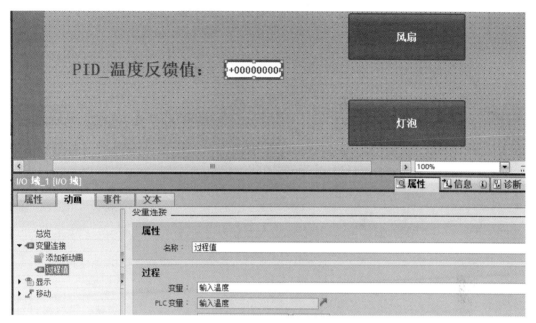

图 7-70　HMI 画面 3

7.4.3.5　调试

编译并下载程序，按照控制要求按下启动按钮，设置设定温度后观察温度模块状态；按下停止按钮后，观察温度模块的状态变化。基于 S7-1200 PLC 温度输入模拟量练习硬件示意图如图 7-64 所示。

7.4.4　基于 S7-1200 PLC 控制温度模块进行 PID 调节

7.4.4.1　控制要求

初始状态下，按钮处于抬起状态，温度模块处于停止状态。

（1）通过 HMI 对温度值进行设定。

（2）按下启动按钮 SB_1，PLC 对温度模块开始进行 PID 调节。

（3）按下停止按钮 SB_2，PLC 停止对温度模块停止 PID 调节。

（4）绘制 HMI 画面，要求可以显示风扇的运行状态、可以显示当前实时温度值。

7.4.4.2　硬件结构图

基于 S7-1200 PLC 控制温度模块进行 PID 调节硬件结构图如图 7-71 所示。

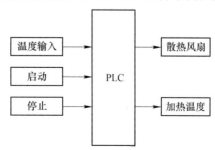

图 7-71　基于 S7-1200 PLC 控制温度模块进行 PID 调节硬件结构图

7.4.4.3　PLC 变量表

PLC 输入变量表见表 7-24。

表 7-24　PLC 输入变量表

名　　称	相对地址	数据类型
温度输入	IW10	Bool
启动	I8.0	Bool
停止	I8.1	Bool

PLC 输出变量表见表 7-25。

表 7-25　PLC 输出变量表

名　　称	相对地址	数据类型
散热风扇	Q8.4	Bool
加热温度	QW12	Word

7.4.4.4　控制实现

（1）根据控制要求编写 PLC 控制程序，如图 7-72～图 7-75 所示。

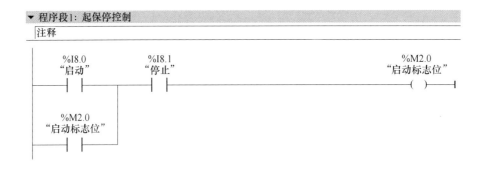

图 7-72　基于 S7-1200 PLC 控制温度模块进行 PID 调节程序 1

（2）根据题目要求绘制 HMI 画面，如图 7-76 所示。

7.4.4.5　调试

编译并下载程序，按照控制要求按下启动按钮，设置设定温度后观察温度模块状态；按下停止按钮后，观察温度模块的状态变化。基于 S7-1200 PLC 控制温度模块进行 PID 调节硬件示意图如图 7-64 所示。

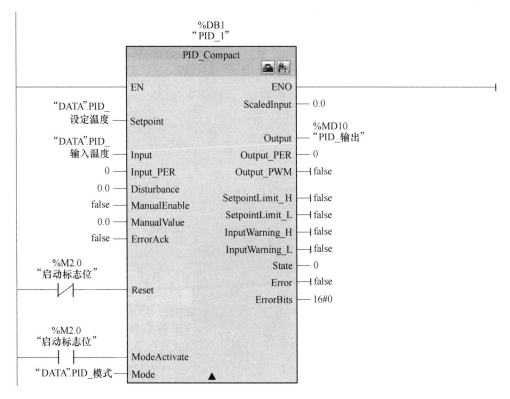

图 7-73　基于 S7-1200 PLC 控制温度模块进行 PID 调节程序 2

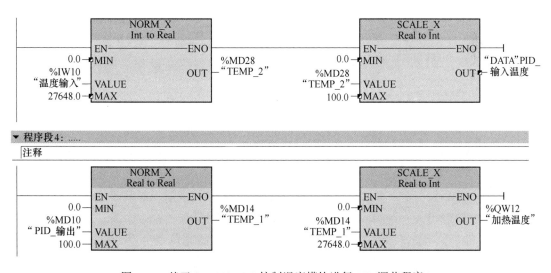

图 7-74　基于 S7-1200 PLC 控制温度模块进行 PID 调节程序 3

图 7-75　基于 S7-1200 PLC 控制温度模块进行 PID 调节程序 4

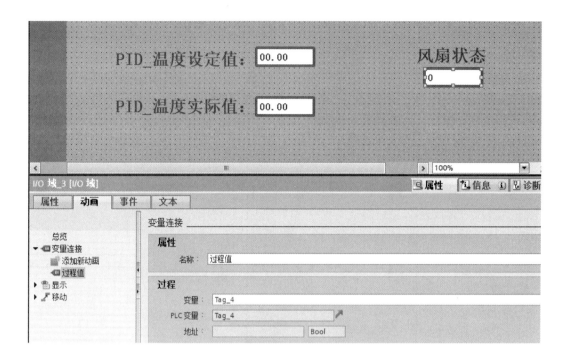

图 7-76　HMI 画面

📖 思政小课堂

国家安全是民族复兴的根基，社会稳定是国家强盛的前提。必须坚定不移贯彻总体国家安全观，把维护国家安全贯穿党和国家工作各方面全过程，确保国家安全和社会稳定。

胡双钱是上海飞机制造有限公司的一名高级技师，一位坚守祖国航空事业整整 35 年，加工了数十万件飞机零件且无一差错的普通钳工。对加工质量的专注和坚守，早已融入了胡双钱的血液之中，因为他心里清楚，他的一次小失误，可能意味着无法挽回的经济损失乃至生命代价。

"每个零件都关系着乘客的生命安全。因此，确保加工质量，是我最大的职责。"核准、画线、切割，拿起气动钻头依线点导孔，握着锉刀将零件的锐边倒圆、去毛刺……这样的动作，他整整重复了 35 个年头。车间里，严谨求实的胡双钱全身心投入工作中，额头上的汗珠顺着脸颊滑落，和着空气中飘浮的铝屑凝结在头发、脸上、工作服上，这样的"铝人"，他一当就是 35 年！

胡双钱严谨求实的工作态度，将"质量弦"绷得更紧了。不管是多么简单的加工工序，他都会在开工前认真核校图纸，操作时小心谨慎，加工完毕后多次检查，他总是告诫大家要学会"慢一点、稳一点，精一点、准一点"。凭借多年积累的丰富经验和对质量的执着追求，胡双钱在飞机零件制造中大胆进行工艺技术攻关创新，终于实现了自己的人生价值。

习　题

7-1　运用 G120 变频器，实现开关合上后，电动机正转，在第一个速度下运行，5s 后转换到第二个速度下运行，5s 后又回到在第一个速度下运行，循环进行（在默认频率下运行，电动机采用星形接法）。

7-2　简述皮带分拣机所用的常见传感器。

7-3　简述运用 PID 指令实现液位高低控制系统的设计。

参 考 文 献

[1] 张硕.TIA 博途软件与 S7-1200/1500 PLC 应用详解［M］.北京：电子工业出版社，2017.

[2] 王斌.西门子模块 FM458 在轧机 AGC 控制中的应用［D］.西安：西安理工大学，2013.

[3] 周德仁.维修电工与实训 中级篇［M］.北京：人民邮电出版社，2006.

[4] 任雨民，郭鹏.电工电子技术基础［M］.西安：西北大学出版社，2008.

[5] 赵俊生，原霞，翟建龙.电机与电气控制及 PLC［M］.北京：电子工业出版社，2009.

[6] 祖国建.可编程控制器应用实训教程［M］.长沙：中南大学出版社，2015.

[7] 陈建明.电气控制与 PLC 应用［M］.北京：电子工业出版社，2010.

[8] 徐慧，卢艳军.数控机床电气及 PLC 控制技术［M］.北京：国防工业出版社，2006.

[9] 李向荣.DP160-4 双缸双作用液压隔膜泵动力端研究［D］.兰州：兰州理工大学，2010.

[10] 况群意.基于 Profibus 现场总线控制的闸门监控系统的开发［D］.武汉：武汉理工大学，2004.

[11] 陈金红.污水处理智能化监控系统开发研究［D］.天津：天津科技大学，2010.

[12] 赵金峰.TZG216-110 型铁钻工控制系统的研究［D］.兰州：兰州理工大学，2008.

[13] 闫书峰.基于组态软件的电视演播厅布光控制系统研究与设计［D］.焦作：河南理工大学，2005.

[14] 弭洪涛.PLC 应用技术［M］.北京：中国电力出版社，2004.

[15] 汪志锋.可编程序控制器原理与应用［M］.西安：电子科技大学出版社，2004.

[16] 杨青峰，付骞.可编程控制器原理及应用［M］.西安：电子科技大学出版社，2010.

[17] 张在平，赵相宾.可编程序控制器技术与应用系统设计［M］.北京：机械工业出版社，2003.

[18] 彭坤丽.基于 PLC 的大功率半导体激光器控制系统的研制［D］.北京：北京工业大学，2009.

[19] 刘铭洋.苎麻连续化生产线控制系统设计［D］.武汉：武汉理工大学，2013.

[20] 廖常初.S7-300/400 PLC 应用技术［M］.4 版.北京：机械工业出版社，2016.

[21] 廖常初，陈晓东.西门子人机界面（触摸屏）组态与应用技术［M］.3 版.北京：机械工业出版社，2018.

[22] 廖常初.S7-1200 PLC 应用教程［M］.北京：机械工业出版社，2017.

[23] 屈有福.关于西门子 PLC 在集中控制系统中应用研究［J］.中国石油和化工标准与质量，2022，42（15）：84-86.

[24] Ioannides M G. Design and implementation of PLC-based monitoring control system for induction motor［J］. IEEE transactions on energy conversion, 2004, 19（3）：469-476.

[25] Hudedmani M G, Umayal R M, Kabberalli S K, et al. Programmable logic controller（PLC）in automation［J］. Advanced Journal of Graduate Research, 2017, 2（1）：37-45.

[26] 顾志刚.西门子 PLC 的应用及干扰［J］.冶金管理，2021（23）：66-67.

[27] 卜伟伟.电气自动化工程中 PLC 的应用分析与发展探讨［J］.新疆有色金属，2022，45（3）：87-88. DOI：10. 16206/j. cnki. 65-1136/tg. 2022. 03. 039.

[28] 海涛，黄清宝，肖根福，等.电气控制与 PLC 实验教程［M］.重庆：重庆大学出版社，2020.

[29] 郑子仙.西门子 PLC 在电气控制中的应用［J］.电子技术与软件工程，2018（5）：131.

[30] 郑海生.西门子 PLC 编程及其工程应用［J］.科学技术创新，2018（4）：37-38.

[31] 倪伟，刘斌，侯志伟，等.电气控制技术与 PLC［M］.南京：南京大学出版社，2017.

[32] 彭珍瑞，周志文.电气控制及 PLC 应用技术［M］.北京：人民邮电出版社，2017.

[33] 段伟.以 Profibus 网络为基础的西门子系列 PLC 与双台 S120 变频器通讯的实现方案分析［J］.通讯世界，2016（9）：54.

[34] 陆金荣.西门子 PLC 高级应用实例精解［M］.北京：机械工业出版社，2015.

［35］ 潘峰，刘红兵. 西门子 PLC 控制技术实践［J］. 电工技术，2014（7）：52.

［36］ 刘华波，刘丹，赵岩岭，等. 西门子 S7-1200 PLC 编程与应用［M］. 北京：机械工业出版社，2011.

［37］ Lashin M M. Different applications of programmable logic controller（PLC）［J］. International Journal of Computer Science，Engineering and Information Technology（IJCSEIT），2014，4（1）：27-32.

［38］ Bayindir R，Cetinceviz Y. A water pumping control system with a programmable logic controller（PLC）and industrial wireless modules for industrial plants—An experimental setup［J］. ISA transactions，2011，50（2）：321-328.

［39］ Alphonsus E R，Abdullah M O. A review on the applications of programmable logic controllers（PLCs）［J］. Renewable and Sustainable Energy Reviews，2016，60：1185-1205.

冶金工业出版社部分图书推荐

书　名	作者	定价(元)
电力电子技术项目式教程	张诗淋　杨　悦 李　鹤　赵新亚	49.90
供配电保护项目式教程	冯　丽　李　鹤　赵新亚 张诗淋　李家坤	49.90
电子产品制作项目式教程	赵新亚　张诗淋 冯丽　吴佩珊	49.90
传感器技术与应用项目式教程	牛百齐	59.00
自动控制原理及应用项目式教程	汪　勤	39.80
电子线路 CAD 项目化教程——基于 Altium Designer 20 平台	刘旭飞　刘金亭	59.00
电机与电气控制技术项目式教程	陈　伟　杨　军	39.80
智能控制理论与应用	李鸿儒　尤富强	69.90
电气自动化专业骨干教师培训教程	刘建华　等	49.90
物联网技术与应用——智慧农业项目实训指导	马洪凯　白儒春	49.90
物联网技术基础及应用项目式教程（微课版）	刘金亭　刘文晶	49.90
5G 基站建设与维护	龚猷龙　徐栋梁	59.00
太阳能光热技术与应用项目式教程	肖文平	49.90
虚拟现实技术及应用	杨　庆　陈　钧	49.90
车辆 CarSim 仿真及应用实例	李茂月	49.80
Windows Server 2012 R2 实训教程	李慧平	49.80
现代科学技术概论	宋　琳	49.90
Introduction to Industrial Engineering 工业工程专业导论	李　杨	49.00
合作博弈论及其在信息领域的应用	马忠贵	49.90
模型驱动的软件动态演化过程与方法	谢仲文	99.90
Professional Skill Training of Maintenance Electrician 维修电工职业技能训练	葛慧杰　陈宝玲	52.00
财务共享与业财一体化应用实践——以用友 U810 会计大赛为例	吴溥峰　等	99.90